JN234843

環 境 工 学

[第 3 版]

石 井 一 郎 著

森北出版株式会社

● 本書のサポート情報を当社Webサイトに掲載する場合があります．
下記のURLにアクセスし，サポートの案内をご覧ください．

https://www.morikita.co.jp/support/

● 本書の内容に関するご質問は，森北出版 出版部「(書名を明記)」係宛
に書面にて，もしくは下記のe-mailアドレスまでお願いします．なお，
電話でのご質問には応じかねますので，あらかじめご了承ください．

editor@morikita.co.jp

● 本書により得られた情報の使用から生じるいかなる損害についても，
当社および本書の著者は責任を負わないものとします．

■ 本書に記載している製品名，商標および登録商標は，各権利者に帰属
します．

■ 本書を無断で複写複製(電子化を含む)することは，著作権法上での
例外を除き，禁じられています．複写される場合は，そのつど事前に
(一社)出版者著作権管理機構(電話03-5244-5088, FAX03-5244-5089,
e-mail：info@jcopy.or.jp)の許諾を得てください．また本書を代行業者
等の第三者に依頼してスキャンやデジタル化することは，たとえ個人や
家庭内での利用であっても一切認められておりません．

第3版の序

　最近，環境ホルモンやダイオキシンに加えて廃棄物処理の問題が大きくクローズアップされるようになった．そこで，今回の改訂では第10章の1節に過ぎなかった廃棄物処理を第10章として拡充するとともに，第5章に環境ホルモンを加え，第9章の土壌汚染，第12章の自然環境などに加筆することにした．

　2003年1月

著者しるす

第2版の序

　本書は大学高専の教科書として編集したが，コンサルタントにも利用して戴き，一般社会人の方々にも読んで戴いている．その後，ゴルフ場をはじめとするリゾート開発などで自然環境の破壊が進んで社会問題となるようになり，加えて，地球の温暖化とオゾン層の破壊などという地球環境問題が発生するようになって，追加改訂の必要が生じた．

　一方，技術士試験において，建設部門に「建設環境」と農業部門に「農村環境」が新しく選択科目として取り上げられることになった．内容は，自然環境および生活環境の保全および創出ならびに環境影響評価に関する事項となっている．　今回，以上に合わせて内容を追加補充するものである．

　1992年6月

著者しるす

序

　昭和30〜40年代の高度成長期に，わが国では公害が各地で発生し，環境問題について論ぜられるようになった．それまでは環境問題は学問の部類には入っていなかったのである．

　その後，公害対策基本法をはじめ，環境に関する法律も整備されるとともに，学問的にも研究されるようになり，部門ごとに専門書としてまとめられるようになったが，概要を教科書的にまとめられることはなかった．それで，環境科学というものは難しいものだという敬遠されがちなものとなってしまい，これが環境問題の解決を遅らせてしまう原因の一つにもなっていると私は思っている．

　本書は環境工学の概要を体系的にまとめたもので，社会人でも容易に理解し得るようにするとともに，大学や高専の教科書としても用いられるように配慮した．大学や高専で環境工学を専攻する学科で概論として用いられるほか，とくに他の関連学科である土木工学科・建築学科・応用化学科・社会工学科・衛生工学科・都市工学科・交通工学科などをはじめとして，理学部や農学部などでも環境工学の教科書として用いるのに便利なようにまとめた．公害が発生して環境に問題のある地域の住民の方々に読んでいただいてもお役に立つものと思っている．

　本書をまとめるにあたり，多くの図書などを参考にさせていただいた．あらかじめお断り申し上げるべきであるが，巻末に参考文献一覧表としてまとめて掲載させていただいた．

　1986年10月

著者しるす

目　　次

第1章　総　　論

1・1　わが国の環境問題 … 1
1・2　地球的規模の環境問題 … 2
1・3　公害および環境に関する法令 … 3
　　　研 究 課 題 … 6

第2章　騒　　音

2・1　騒音の定義 … 7
2・2　音の表示単位 … 8
　　　(1)　音圧レベル　8　　　(2)　音の強さのレベル　9
　　　(3)　オクターブバンドレベル　10
　　　(4)　音の大きさのレベル　12　　(5)　騒音レベル　12
2・3　騒音の伝搬と減衰 … 13
2・4　騒音の測定計器と測定法 … 15
　　　(1)　騒音計　15　　　(2)　周波数分析器　15
　　　(3)　レベルレコーダ　16　　(4)　データレコーダ　17
　　　(5)　騒音の測定と騒音レベルの表示　17
2・5　地 域 騒 音 … 17
2・6　道路交通騒音 … 19
　　　(1)　騒音の測定　19　　(2)　騒音の予測　20
　　　(3)　騒音対策　22
2・7　鉄 道 騒 音 … 24
　　　(1)　騒音の測定　24　　(2)　騒音対策　25
2・8　航空機騒音 … 27
　　　(1)　騒音の表示　27　　(2)　騒音対策　28
　　　研 究 課 題 … 30

第3章　超低周波音

3・1　超低周波音（低周波空気振動）の定義 …………………………………31
3・2　超低周波音の表示単位 ……………………………………………………32
3・3　超低周波音の伝搬と減衰 …………………………………………………34
3・4　超低周波音の測定計器と測定法 …………………………………………34
　　　（1）　低周波音レベル計　34　　（2）　周波数分析器　34
　　　（3）　レベルレコーダ　35　　　（4）　データレコーダ　35
　　　（5）　超低周波音の測定　35
3・5　地域超低周波音 ……………………………………………………………36
3・6　道路交通超低周波音 ………………………………………………………37
3・7　鉄道超低周波音 ……………………………………………………………38
3・8　航空機超低周波音 …………………………………………………………39
　　　研　究　課　題 ……………………………………………………………39

第4章　公害振動

4・1　公害振動の定義 ……………………………………………………………40
4・2　公害振動の表示単位 ………………………………………………………41
　　　（1）　振動加速度実効値　41　　（2）　振動加速度レベル　42
　　　（3）　振動スペクトル　42　　　（4）　振動の大きさのレベル　44
　　　（5）　振動レベル　44
4・3　公害振動の伝搬と減衰 ……………………………………………………46
　　　（1）　距離減衰　46
　　　（2）　溝および遮断層による減衰　47
4・4　公害振動の測定計器と測定法 ……………………………………………47
　　　（1）　振動レベル計　47　　　　（2）　周波数分析器　47
　　　（3）　レベルレコーダ　48　　　（4）　データレコーダ　48
　　　（5）　公害振動の測定と振動レベルの表示　48
4・5　地域公害振動 ………………………………………………………………49
4・6　道路交通振動 ………………………………………………………………51
4・7　鉄道振動 ……………………………………………………………………52
　　　研　究　課　題 ……………………………………………………………52

目　次　　　　　　　　　v

第5章　水質汚濁

- 5・1　水質汚濁の定義 …………………………………………53
- 5・2　水質汚濁の表示単位 ……………………………………54
- 5・3　水質汚濁の測定計器と測定法 …………………………54
- 5・4　水質の環境基準 …………………………………………55
- 5・5　環境ホルモン（外因性内分泌攪乱化学物質）………58
  - （1）環境ホルモンの種類　58　　（2）環境ホルモンの作用　59
  - （3）環境ホルモンによる汚染　60
  - （4）環境ホルモンの人体への摂取　60
  - （5）環境ホルモンの人体に対する影響　61
- 5・6　産業排水の排水基準 ……………………………………62
- 5・7　生活排水と下水道 ………………………………………62
  - （1）生活用水と生活排水　62　　（2）汚濁負荷量　63
  - （3）下水道　64　　　　　　　　（4）下水処理場　67
  - （5）合併処理浄化槽　68
  - （6）自然循環方式水処理システム　68
- 5・8　閉鎖性水域の水質保全と総量規制制度 ………………68
- 5・9　湖沼の環境保全 …………………………………………70
-      研究課題 ……………………………………………………71

第6章　大気汚染

- 6・1　大気汚染の定義 …………………………………………72
- 6・2　大気汚染の表示単位 ……………………………………72
- 6・3　大気汚染の測定計器と測定法 …………………………73
- 6・4　大気汚染の環境基準 ……………………………………75
- 6・5　汚染物質の排出規制 ……………………………………79
- 6・6　大気の総量規制 …………………………………………81
- 6・7　自動車排出ガスに関する排出基準 ……………………82
- 6・8　大気汚染物質による水質劣化 …………………………83
-      研究課題 ……………………………………………………83

第7章　地盤沈下

7・1　地盤沈下の定義 …………………………………………………84
7・2　地盤沈下の原因 …………………………………………………84
7・3　地盤沈下の歴史 …………………………………………………86
7・4　地盤沈下対策 ……………………………………………………88
　　（1）　地下水揚水の規制　88　　（2）　代替水の供給　88
　　（3）　水使用の合理化　89　　（4）　地下水の涵養　89
　　（5）　京都盆地の地下水　89
7・5　建設工事による地下水位低下工法 ……………………………90
7・6　地盤沈下による被害 ……………………………………………90
　　（1）　土地の低下　90　　（2）　不等沈下　90
　　（3）　抜け上り　91　　（4）　地下水位の低下　91
　　（5）　防災対策事業　91
　　研究課題 ……………………………………………………………91

第8章　悪　　臭

8・1　嗅　　覚 …………………………………………………………92
8・2　悪臭の定義 ………………………………………………………92
8・3　悪臭の表示単位 …………………………………………………94
8・4　悪臭の測定計器と測定 …………………………………………96
8・5　工場・事業場より発する悪臭 …………………………………97
8・6　その他の悪臭 ……………………………………………………99
　　（1）　焼却による悪臭　99　　（2）　交通機関による悪臭　99
　　（3）　建設工事による悪臭　99　　（4）　水路等における悪臭　99
　　（5）　個人住宅・アパート・寮などからの悪臭　99
　　研究課題 ……………………………………………………………100

第9章　土壌汚染

9・1　土壌生態系の環境保全機能 ……………………………………101
9・2　土壌汚染の定義 …………………………………………………102

目　次　　　　　　　　vii

9・3　土壌汚染物質 ··· 102
　　　（1）　カドミウム　102　　　　（2）　銅　103
　　　（3）　ひ　素　103　　　　　　（4）　ダイオキシン　103
　　　（5）　クロム（六価）　104
　　　（6）　DDT および BHC による土壌汚染　104
　　　（7）　トリクロロエチレンおよびテトラクロロエチレン　104
　　　（8）　水　銀　104　　　　　　（9）　その他の物質　104
　　　(10)　土壌の環境基準　104
9・4　汚染土壌の復元対策 ··· 104
　　　（1）　山元対策　105　　　　　（2）　二次公害防止　105
　　　（3）　汚染土壌の復元対策　105
9・5　土壌汚染の元凶 ··· 106
　　　研　究　課　題 ··· 106

第 10 章　廃　棄　物

10・1　廃棄物処理 ·· 107
　　　（1）　一般廃棄物の処理　107　（2）　産業廃棄物の処理　107
　　　（3）　不法投棄対策　108
10・2　埋立地の計画・設計・運営・管理 ···································· 109
　　　（1）　計画・設計　109　　　　（2）　埋立方式　111
　　　（3）　覆土と植林　111　　　　（4）　有害物質の浄化　111
　　　（5）　管　理　111　　　　　　（6）　残土処分　113
10・3　ダイオキシンの発生 ··· 113
　　　（1）　種々の物質の燃焼による生成　113
　　　（2）　塩素の存在とダイオキシン　114
　　　（3）　その他の生成　114
10・4　ダイオキシンの規制値 ·· 115
10・5　ダイオキシンによる環境汚染 ·· 116
　　　（1）　廃棄物中間処理場の焼却炉による大気中のダイオキシン汚染　116
　　　（2）　土壌中のダイオキシン汚染　117
　　　（3）　人体内のダイオキシンの蓄積　118
10・6　ダイオキシン対策 ··· 119
10・7　廃棄物のリサイクル ··· 121
　　　研　究　課　題 ··· 122

第11章 自然環境

- 11・1 自然環境の現状 …………………………………………………………123
- 11・2 自然と生態系 ……………………………………………………………125
  - （1）日本の国土の自然　125　　（2）生態系　126
  - （3）森林生態系　129　　（4）時間的植生遷移　129
  - （5）距離的植生遷移　130
- 11・3 森林の機能 ………………………………………………………………130
  - （1）林産物の供給　130　　（2）大気浄化作用　130
  - （3）水質浄化作用　132　　（4）治山治水作用　132
  - （5）水源涵養作用　132　　（6）気象緩和作用　133
  - （7）媒塵と粉塵の防止作用　133　（8）騒音防止作用　133
  - （9）防風防火作用　133
  - （10）レクリエーション効果等　133
- 11・4 自然環境保護 ……………………………………………………………134
  - （1）地形地質　134　　（2）動物　135
  - （3）植物　136　　（4）温泉　136
- 11・5 植生影響調査 ……………………………………………………………136
  - （1）人里植物　136
  - （2）二次遷移初期の群落と遷移系列　136
  - （3）群落調査とベルトトランセクト調査　137
  - （4）植生影響調査方法　137
- 11・6 道路緑化と道路景観 ……………………………………………………139
  - 研究課題 ……………………………………………………………………140

第12章 自然破壊

- 12・1 開拓による熱帯雨林の破壊 ……………………………………………141
- 12・2 建設工事による自然の破壊 ……………………………………………141
- 12・3 地形変更による自然破壊 ………………………………………………142
- 12・4 切土による影響 …………………………………………………………143
- 12・5 盛土による影響 …………………………………………………………144
- 12・6 捨土による影響 …………………………………………………………145
- 12・7 地形変化による影響 ……………………………………………………145

目　次　　　　　　　　　　ix

12・8　保水機能の低下 ……………………………………………146
12・9　河川の浄化能力の低下と水資源への影響 ………………147
12・10　防災機能の低下 ……………………………………………148
12・11　酸性降下物（酸性雨）の原因 ……………………………148
　　　（1）　欧米での問題　149　　　（2）　中国での問題　150
　　　（3）　わが国での問題　150
12・12　酸性降下物（酸性雨）による被害 ………………………151
　　　（1）　森林の生態系の破壊　151　　（2）　湖沼の生態系の破壊　153
　　　（3）　農作物の被害　153　　　（4）　構造物の被害　153
　　　（5）　人の健康被害　154　　　（6）　光合成の抑制　154
12・13　森林と文明 …………………………………………………154
12・14　砂　漠　化 …………………………………………………156
　　　研 究 課 題 ……………………………………………………157

第13章　地　球　環　境

13・1　地球の環境破壊 ………………………………………………158
13・2　太陽エネルギーの恩恵 ………………………………………159
13・3　エネルギーの収支 ……………………………………………160
13・4　二酸化炭素（CO_2）による温室効果 ……………………161
13・5　二酸化炭素（CO_2）の抑制 ………………………………164
13・6　地球の気温上昇 ………………………………………………164
13・7　地球温暖化による降雨状況の変化 …………………………166
13・8　地球温暖化による海面上昇 …………………………………167
13・9　海面上昇による沿岸の自然および社会経済に与える影響 …168
　　　（1）　沿岸低地の水没による国土の減少　168
　　　（2）　海岸侵食による海岸災害　169
　　　（3）　高潮の被害増大による海岸災害　169
　　　（4）　河川・地下水の塩水化　169　（5）　沿岸生態系の変化　169
13・10　フロンガス（CFC）等によるオゾン（O_3）層の破壊 …170
13・11　オゾンホールの出現 …………………………………………171
13・12　オゾン（O_3）層破壊による影響 …………………………173
13・13　オゾン（O_3）層保護対策 …………………………………174

研究課題 …………………………………………………………175

第14章　環境影響評価法

14・1　環境問題の発生と環境アセスメント ……………………176
14・2　環境影響評価法の手順 ……………………………………178
　　　（1）環境アセスメントの構成　178
　　　（2）調　査　178　　　　　（3）予　測　180
　　　（4）評　価　180
14・3　環境保全対策 ………………………………………………184
14・4　環境影響評価書の作成 ……………………………………187
　　　研究課題 ……………………………………………………187

練習問題 ………………………………………………………………188
研究課題の解答 ………………………………………………………196
参考文献 ………………………………………………………………201
索　　引 ………………………………………………………………203

第1章　総　　論

1・1　わが国の環境問題

　人間の生命の保持や社会活動にとって，程度の差こそあれ，何らかの悪い影響を及ぼす要因となる環境悪化の現象は，その多くが人間の生産活動または生活そのものに起因していると考えられる．そのかかわり合いを態様により分類すると，① 産業化活動に伴う煤煙や排出ガスによる大気汚染，廃液による水質汚濁，機械による騒音や振動，さらに天然ガスや地下水の汲み上げによる地盤沈下など，古くから存在し，産業化活動に直接起因した発生源が特定されている環境汚染，② エネルギー供給および人または物質の輸送など産業活動や社会生活を間接的に支える行動に伴う環境汚染，③ 生活排水による水質汚濁，④ ピアノやカラオケによる近隣騒音など人間の生活自体に起因する環境破壊がある．

　しかし，現状はこれらの二つ以上の要因が複雑にからみ合っている場合が少なくない．環境汚染は古くて新しい問題であり，わが国においても古くは渡良瀬川鉱毒事件がよく知られている．熊本県水俣湾周辺・新潟県阿賀野川流域の水俣病，富山県神通川流域のイタイイタイ病，東京の六価クロムによる土壌汚染，自動車・新幹線・航空機による騒音など大きな社会問題として取り上げられたものも多い．とくに，昭和30年代からのわが国の高度経済成長に伴って，大気汚染，水質汚濁，騒音など種々の環境問題が多数発生し，深刻化した．

　このため，政府も公害環境行政の一元的強化を図る目的で公害対策本部を設置し，さらに昭和45（1970）年11月のいわゆる公害国会において，公害対策基本法の改正，大気汚染防止法の改正，水質汚濁防止法の制定，下水道法の改正など14件の公害および環境関係法案が制定された．

　公害の種類とその範囲は，論議のあるところであり，厳密には必ずしも明確とはいえないが，公害対策基本法では，公害とは「事業活動その他の人の活動に伴って生ずる相当範囲にわたる，① 大気の汚染，② 水質の汚濁（水質以外の水の状態または水底の底質が悪化することを含む），③ 土壌の汚染，④ 騒音，

⑤振動,⑥地盤の沈下(鉱物の採掘のための土地の掘削によるものを除く)および,⑦悪臭によって,人の健康または生活環境に係る被害が生ずることをいう」(第2条)と定義されている.これが,典型7公害といわれるものであり,地方公共団体への苦情の訴え件数のうち,騒音が最も多い.

これによると,公害とは,第一に「事業活動その他の人の活動に伴って生ずるもの」であり,自然災害とは異なる.第二に,「相当範囲にわたる」ものであり,公害の発生は地域的な広がりをもつ現象であって,相隣関係のものではない.第三に「人の健康または生活環境に係る被害が生ずる」ものであること.以上の三つの条件を満たす場合に公害という.なお,生活環境とは「人の生活に密接な関係のある財産ならびに人の生活に密接な関係のある動植物およびその生育環境を含む」とされている.

法律的には上記の典型7公害を公害と称するが,広義にいわれる場合には,これらに加えて,日照阻害,電波障害,騒色,廃棄物,自然破壊,地球環境まで含められることが多い.本書では,これらを含めて扱い,騒音のうち,超低周波音(低周波空気振動)は振動であって,騒音とは分けて述べる.

以上の法律上の公害の防止対策の一つの重要な目標として環境基準がある.この環境基準とは,公害対策基本法(現 環境基本法)に基づいて,大気汚染や水質汚濁や騒音などについて,人の健康を保護し生活環境を保全するために,望ましい基準が設定されているものである.

1・2 地球的規模の環境問題

地球上の人口は,第二次世界大戦直前は約20億人といわれていたが,それが現在約3倍となり,人間の呼吸によって排出される二酸化炭素(CO_2)が増加するとともに,人間の生活に伴う燃料の使用も増えて,大気中のCO_2の濃度が増大し,アメリカのハワイにあるマウナロア観測所のデータでは,昭和30年代以降毎年平均1 ppm(13・4節にて後述)の割合で上昇している.このままで上昇すると大気中のCO_2の濃度は21世紀の半ばで現在の約2倍となり,大気の温度は温室効果のため上昇する.

温室効果とは,大気中のCO_2は地球に降り注ぐ日光のエネルギーを通すが,地球から放出されるエネルギーを通さない性質があって,そのためCO_2の濃度が高くなると,地球は温室のようになって大気の温度が上昇することをいう.

温室効果のために，地球上の中緯度の地方で2～3℃，北極や南極で10℃も大気温度が上昇するとした場合，南極大陸・シベリアなどの永久氷の一部が溶けて海面が上昇し，世界中の低地は海面下に没するおそれがある．わが国でいえば，関東平野の相当部分は水没することとなる．

また，熱帯地方には開発途上国が多いが，第二次世界大戦後に独立することによって人口が増加するだけでなく，生活基盤であった熱帯雨林を伐採して燃料としたり，移動焼畑耕作などをしたために，熱帯雨林が減少している．

熱帯雨林は生物種の豊庫であるばかりでなく，大気の浄化，土壌の保護，気象の緩和，酸素の供給などの面で，人類やあらゆる生物の生存のために貴重な存在である．それが失われつつあり，しかも，それが乾燥または半乾燥している熱帯地方では，土地が不毛の砂漠になりつつあり，地球上の陸地の4分の1がすでに砂漠となっている．

このほか，石油などによる海洋汚染や酸性雨等の問題が発生し，国ごとだけの対応では処理できない地球的規模の汚染や環境破壊が進行しつつあって，国際協力の必要性が高まっている．とくに砂漠化の進行や，国際河川で汚水排水する上流国と水源に利用する下流国との利害の衝突などの問題を中心として，国連に国連環境計画という機関が設置されるに至った．

さらに，フロンガス（CFC）などによるオゾン層の破壊という問題が発生し，オゾン層の保護が緊急課題として浮上するようになった．

1・3　公害および環境に関する法令

わが国では昭和30年代から昭和40年代にかけての高度経済成長期に環境汚染や自然破壊などの公害問題が発生し，昭和42（1967）年に公害対策基本法が制定され，昭和47（1972）年には自然環境保全法が制定された．この二つの基本となる法律を中心として各種の法規制や条例による規制が行われるようになり，各種の公害問題を解決するようになった．

ところが，上述のように，CO_2による地球温暖化の問題や酸性雨の問題をはじめ，フロンガス（CFC）等によるオゾン層の破壊という地球規模的問題も発生するようになったことから，これらの問題は人類だけではなく地球の生態系全体の問題として捉えられるようになった．社会経済活動や人々の生活様式のあり方を含めて，社会全体が環境への負荷を少なくし，持続的発展の可能な

社会に変えていくことが重要課題となった．このような社会情勢の変化などから，環境問題に適確に対応するために，平成 5（1993）年に公害対策基本法に変わって環境基本法が制定された．

環境基本法の規定内容の主なものを大別すると，1) 事業者の責務，2) 排出等の規制，3) 公害防止施設の設置，4) 自然保護，5) 土地利用の規制，6) 助成，7) 処理保護，8) 公害罪であり，それぞれに準じた法令が制定されている．なお，公害との認定は国の公害等調整委員会の裁定による．この環境関係の主たる法律の体系を下記に述べる．

なお，これらの環境関係の法律・政令・基準等については，環境省のホームページ（http://www.env.go.jp/kijun/index.html）を参照のこと．

（a）　事業者の責務
　1）　特定工場における公害防止組織の整備に関する法律
　2）　公害防止事業費事業者負担法

（b）　排出等の規制
　1）　大気汚染防止法
　2）　水質汚濁防止法
　3）　湖沼水質保全特別措置法
　4）　瀬戸内海環境保全特別措置法
　5）　海洋汚染および海上災害の防止に関する法律
　6）　農用地の土壌の汚染防止等に関する法律
　7）　騒音規制法
　8）　振動規制法
　9）　工業用水法
　10）　建築用用地地下水の採取の規制に関する法律
　11）　悪臭防止法
　12）　土壌汚染対策法

（c）　公害防止施設の設置
　1）　廃棄物処理設備緊急措置法
　2）　廃棄物の処理および清掃に関する法律（通称：廃棄物処理法）
　3）　下水道法

（d）　リサイクルの推進
　1）　再生資源の利用の促進に関する法律（通称：リサイクル法）

2） 特定家庭用機器再商品化法（通称：家電リサイクル法）
3） 容器包装に係る分別収集および再商品化の促進等に関する法律（通称：容器包装リサイクル法）
4） 自動車リサイクル法

（e） **自然保護**
1） 自然環境保全法
2） 自然公園法

（f） **土地利用の規制**
1） 国土総合開発法
2） 都市計画法
3） 首都圏の既成市街地における工業等の制限に関する法律
4） 近畿圏の既成市街地における工業等の制限に関する法律
5） 工業立地法

（g） **助　成**
1） 公害の防止に関する事業に係る国の財政援助上の特別措置に関する法律
2） 公害防止事業団法

（h） **処理保護**
1） 公害健康被害の保障等に関する法律
2） 公害紛争処理法

（i） **公害罪**
1） 人の健康に係る公害犯罪の処罰に関する法律

（j） **その他**

平成14年4月1日より，環境汚染物質排出移動登録（PRTR）制度が発足した．これは，有害な化学物質から環境を守るための新しい制度である．われわれの身の回りには，プラスチックや合成繊維を初めとして，医薬品など，数万種にも及ぶ化学物質があり，これに対して，人の健康や生態系に有害な影響を及ぼすおそれのある化学物質を管理し，環境の保全を図るものである．われわれの生活は，これらの化学物質から作られた多くの製品によって支えられているが，これらの製品が生産される際や，われわれが使用している間や，廃棄物となって処理される際に，これらの化学物質が大気や水や土壌に排出されている．これらのうち，有害な化学物質が，どこから，どれくらい，環境中に排

出されたか，あるいは廃棄物に含まれて移動したかを把握し，集計・公表する仕組みが環境汚染物質排出移動登録（PRTR）制度である．対象となる化学物質を製造または使用している事業者は，前年度の1年間について，環境中に排出した量（排出量という），および廃棄物として処理するために事業所の外へ移動させた量（移動量という）を，毎年4月1日から6月末までに都道府県の環境管理事務所を通じて国に届け出る義務がある．国は，その届出の数値と，家庭や自動車などから排出されている化学物質の量（推計値）の二つのデータを公表する．対象となる事業者は，金属鉱業，原油・天然ガス鉱業，製造業（全業種），電気業，ガス業，熱供給業，下水道業，鉄道業，倉庫業（農作物を保管する場合または貯蔵タンクにより気体または液体を貯蔵する場合に限る），石油卸売業，燃料小売業，洗濯業，写真業，自動車整備業，機械修理業，商品検査業，計量証明業（一般計量証明業を除く），ゴミ処分業，産業廃棄物処分業，特別管理産業廃棄物処分業，高等教育機関（付属施設を含み，人文科学のみに係るものを除く），自然科学研究所，鉄スクラップ卸売業（自動車用エアコンに封入された物質を取り扱うものに限る），自動車卸売業（同前）の業種で，常用雇用者数21人以上となっている．

研 究 課 題

1・1 渡良瀬川鉱毒事件は足尾鉱山が原因であるが，その詳細を調べよ．
1・2 水俣病は工場廃水に含まれた水銀が原因であるが，その詳細を調べよ．

第2章 騒　　音

2・1　騒音の定義

　大気は 1 m³ あたり 1.2 kg の質量をもち，その圧力（大気圧）は通常の場合に 1 気圧であるが，大気圧は非常にわずかであるものの絶えず変化している．その原因は音源であって，たとえばスピーカーの振動板が振動すると，その振動板に接する空気が振動して大気圧が変化する．そして，これが空気中を伝わって，人間の耳の中にある直径約 1 cm で厚さ約 0.1 mm の鼓膜という振動膜に力を加えて振動させ，その振動が原因となって音の感覚を生ずる．

　このように音の伝搬は大気の圧力の変化が空気中を伝わるものであり，よって音波は変化する圧力の大きさと大気圧を中心として，どのように変化するかによって表される．

　以上の圧力の変化は，1 秒間における圧力変化の回数つまり周波数で表されてヘルツ（Hz）という単位を用いる．ところがどんな周波数の音波でも人間の耳に聞えるものではない．人間の耳に音として聞えるのは 20〜20000 Hz の音波であって，人間の耳に音として聞えない 20 Hz 以下を超低周波音と呼び，20000 Hz 以上を超音波音と呼んでいる．なお，耳に聞える周波数のうち，比較的耳の感度のよいのは 40〜8000 Hz とされている．

　音は音声として人々が生活するうえで，情報の伝達手段として必要なものであり，音楽として人々の心を潤す媒体として重要な役割を果しているが，静かであることを欲するときや，知ろうとする情報以外の音や，必要以上に大きな音は邪魔ものとして感じる．このように邪魔ものとして好ましくない音や，存在しない方がいい音，音を出すことを目的としていないものから出る音，などを総称して騒音という．そして騒音は比較的耳の感度のよい上記の 40〜8000 Hz が対象となる．

　騒音はいわゆる感覚公害と呼ばれ，広く日常生活に密着して発生することが多いため，地方公共団体への苦情の訴え件数も，典型 7 公害の中でもっとも多い割合を示している．しかし，騒音についての苦情の原因，つまり騒音の発生

源は多種多様であり，しかも複合するという特徴もあって，発生源を特定できないことから対策も難しくなってくる．

2・2 音の表示単位

音の尺度には，物理量としての強弱を表す物理的尺度と，感覚量としての大小を表す感覚的尺度とがあり，前者には音圧レベル（パワーレベル），音の強さのレベル，音源のパワーレベル，オクターブバンドレベルがあり，後者には音の大きさのレベル，騒音レベルがある（図2・1参照）．

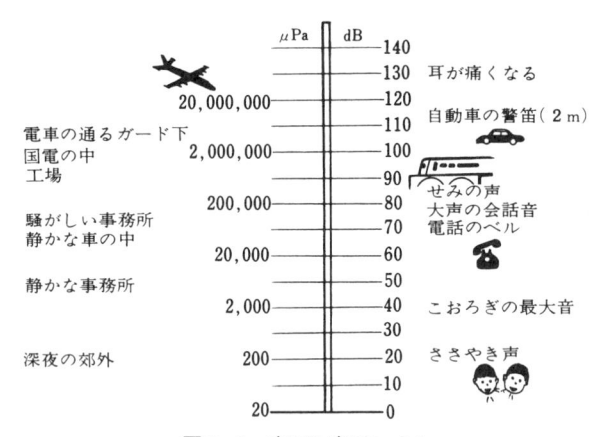

図2・1　音圧と音圧レベル

（1）　音圧レベル

空気中の音波とは圧力変化の波であり，空気中に濃淡を生じさせる．濃いところは圧力の高いことから，空気が圧縮されて平均より気圧が上昇しており，淡いところは空気が希薄で気圧も少し下っている．このような大気圧を中心とする交流的な微小な圧力変化の物理量を音圧といい，単位として N/m^2（Pa：パスカル）を用いる．Nはニュートンで，$1 m^2$ に加わる力が何Nであるかということで，変化する圧力の大きさを表している．

人間の耳にやっと聞こえるぐらいの小さな音圧，つまり音の圧力は $2×10^{-5}$ Paぐらいで，耳が痛くなるほどの大きな音圧は60 Paぐらいとされ，その圧力の変化は大気圧の約100000 Paに比べると著しく小さい．このように音圧とは，音波によって生ずる大気圧を中心とした微小なる圧力の変化であるにすぎ

ない．このように音波は微弱な圧力の変化であるので，音圧の大きさを表すのに小さくて桁数の大きい数値を用いるのは適当ではなく，また人の音に対する強さの絶対値の対数に比例して感ずることから，次式で定義される音圧レベルを用いる．

$$a = K \log \frac{P}{P_0} \tag{2・1}$$

ここに，a：音圧レベル（単位：デシベル dB）
K：常数（20 を用いる）
P：音圧実効値（単位：パスカル Pa）
P_0：音圧基準値（人の感じる最小可聴値，閾値(いきち)，2×10^{-5} Pa，0dB）

上記のように最小可聴値は $a = 0$ dB であるが，耳が痛くなるような 60 Pa のときは $a = 130$ dB となる．なお，偶発的な爆発などで鼓膜が破れるのは約 160 dB であり，静圧で鼓膜が破れるのは約 185 dB とされている．

（2） 音の強さのレベル

音圧によって空気中の微小な体積が運動すると，運動エネルギーが蓄えられ，圧縮されると位置エネルギーが蓄えられる．この両エネルギーは音波が伝わっている空気中で蓄えられ，伝搬速度で進行する．以上から音の強弱は空間の単位面積（1 m²）を単位時間（1 s）に通過する音波のエネルギーの大きさで表され，これを音の強さといい，単位として W/m²（W：ワット）を用いる．

音圧の場合と同じ理由で，音の強さは次式で定義される音の強さのレベルを用いる．

$$L = K \log \frac{I}{I_0} \tag{2・2}$$

ここに，L：音の強さのレベル（単位：デシベル dB）
K：常数（10 を用いる）
I：音の強さ（単位：W/m²）
I_0：音の強さの基準値（最小可聴値：0 dB）

次に音圧 P と音の強さ I との間には次式が成り立つ．

$$I = \frac{P^2}{\rho c} \tag{2・3}$$

ここに，ρ：空気の密度（1.223 kg/m³）
c：音波の伝搬速度（0℃で1気圧のとき 331.5 m/s）

ρc は上記のように約 400 Pa となって一定と考えられるところから，

$$L = 10\log\frac{I}{I_0} = 10\log\frac{P^2/\rho c}{P_0{}^2/\rho c} = 20\log\frac{P}{P_0} = \alpha \qquad (2\cdot 4)$$

以上から音圧レベル α と，音の強さのレベル L とはほぼ等しくなるので，実際上は同じ数値を用いる．また，I_0 は次のようになる．

$$I_0 = \frac{P_0{}^2}{\rho c} = \frac{(2\times 10^{-5})^2}{400} = 10^{-12}\,\text{W/m}^2 \qquad (2\cdot 5)$$

耳が痛くなるほどの強い音波の音圧 60 Pa のときには，

$$I = \frac{P^2}{\rho c} = \frac{60^2}{400} \fallingdotseq 10\,\text{W/m}^2 \qquad (2\cdot 6)$$

（3） オクターブバンドレベル

音波を計測するときに，音波の周波数範囲全体の音圧レベルを計測したときは，これをオーバオール（全域）音圧レベルという．これに対して，ある周波数の範囲ごとに区切った音波の音圧レベルをバンドレベルという．普通は 1 オクターブごとに区切って，区切られた周波数帯域（周波数バンドという）をその中心周波数で呼称し，区切られた周波数帯域の音圧レベルをオクターブバンドレベルという．これを周波数分析というが，さらに細かく区切るときには 1/3 オクターブごとに区切られる．これを 1/3 オクターブバンドレベルという．

一般に二つの周波数 f_{i+1} と f_i（$i=1\sim n$）（$f_{i+1}>f_i$）の間には次式が成り立ち，f_{i+1} は f_i より m オクターブ高い周波数であるという．

$$\frac{f_{i+1}}{f_i} = 2^m \qquad (2\cdot 7)$$

$m=1$ のときが 1 オクターブで，$f_{i+1}=2f_i$ となる．オクターブバンドというのは，二つの f_i および $2f_i$ をバンドの両端の周波数とする周波数バンドのことをいい，f_i を下限周波数または低域遮断周波数といい，$f_{i+1}(2f_i)$ を上限周波数または高域遮断周波数という．

バンドの中心周波数を f_0 とすると次式が成り立つ．

$$f_0 = \sqrt{f_i \cdot f_{i+1}} = \sqrt{2}\,f_i = \frac{f_{i+1}}{\sqrt{2}} \qquad (2\cdot 8)$$

対数をとると

$$\log f_0 = \log\sqrt{f_i \cdot f_{i+1}} = \frac{\log f_i + \log f_{i+1}}{2} \qquad (2\cdot 9)$$

上式から対数尺度を用いると，f_i と f_{i+1} の中心が中心周波数 f_0 となり，f_i と f_{i+1} の算術平均となる．また 1/3 オクターブバンドはオクターブバンドの 1/3 の周波数幅の周波数バンドで，$m=1/3$ であるので，$f_{i+1}=\sqrt[3]{2}\,f_i=1.25f_i$ と

なる.なお,周波数バンドの幅,バンドの両端の周波数,および中心周波数は国際電気標準会議 (IEC) で決められている.これを表2・1に示す.1/3オクターブバンドレベルおよびオクターブバンドレベルから,オーバオールレベルを算出するときは次式を用いる.

$$L = 10 \log \left(\sum_{i=1}^{m} 10^{L_i/10} \right) \qquad (2 \cdot 10)$$

ここに,L:オーバオールレベル
L_i:1/3オクターブバンドレベルまたはオクターブバンドレベル

表2・1 オクターブおよび1/3オクターブバンド中心周波数と遮断周波数 (IEC規格)

オクターブバンド		1/3 オクターブバンド	
中心周波数(Hz) f_{oi}	遮断周波数(Hz) $f_i \sim f_{i+1}$	中心周波数(Hz) f_{oi}	遮断周波数(Hz) $f_i \sim f_{i+1}$
31.5	22.4 〜 45	25 31.5 40	22.4 〜 28 28 〜 35.5 35.5 〜 45
63	45 〜 90	50 63 80	45 〜 56 56 〜 71 71 〜 90
125	90 〜 180	100 125 160	90 〜 112 112 〜 140 140 〜 180
250	180 〜 355	200 250 315	180 〜 224 224 〜 280 280 〜 355
500	355 〜 710	400 500 630	355 〜 450 450 〜 560 560 〜 710
1 000	710 〜 1 400	800 1 000 1 250	710 〜 900 900 〜 1 120 1 120 〜 1 400
2 000	1 400 〜 2 800	1 600 2 000 2 500	1 400 〜 1 800 1 800 〜 2 240 2 240 〜 2 800
4 000	2 800 〜 5 600	3 150 4 000 5 000	2 800 〜 3 550 3 550 〜 4 500 4 500 〜 5 600
8 000	5 600 〜 11 200	6 300 8 000 10 000	5 600 〜 7 100 7 100 〜 9 000 9 000 〜 11 200
16 000	11 200 〜 22 400	12 500 16 000 20 000	11 200 〜 14 000 14 000 〜 18 000 18 000 〜 22 400

$i:1……n$

(4) 音の大きさのレベル

　人間の耳はすべての周波数の音を同じような強さでは感じないで，同じ強さの音でも音の周波数が異なると感じ方も異なる．人間の耳に聞える音は前述のように $20 \sim 20000\,Hz$ の間の多数の周波数があって，音の強さだけでは人の聞く場合の音の大きさを計る尺度とすることはできない．それで周波数が $1000\,Hz$ の純音の音圧レベルを基準とし，これと同じ大きさに聞こえる音を $1000\,Hz$ の純音の強さで表し，これを音の大きさのレベルといい，ホン (phon) という単位で表す．たとえば $1000\,Hz$ で $50\,dB$ の強さのレベルの音と同じ大きさに感じられる音は，その音の強さのレベルが高くても低くても無関係に 50 ホンの音とする．

(5) 騒音レベル

　上記のように音の物理的な強さと，人間が聴覚として感ずる大きさとの間には複雑な関係があり，$1000\,Hz$ の純音と同じ大きさに人の耳に聞こえる音の強さは，音の周波数ごとに変化がある．それで音の大きさを的確に表現できる指標を定めることは難しく，音を計るための測定器を作ることも難しく，またその必要性もあまりない．しかし，騒音については，その大きさをなんとかして把握する必要があり，的確には表現できなくても，近似的に表現することができれば十分である．

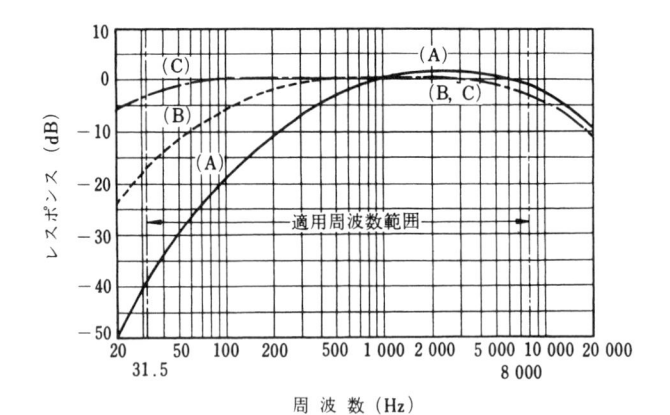

図 $2\cdot2$　騒音計の特性の基準形

以上の目的で製作されたのが騒音計で，わが国では計量法および JIS 規格によって規格が定められている．騒音計には，A，B，C の三種の聴感補正回路（音の物理的な強さと人間が聴覚として感ずる大きさとの間を補正する回路）が内蔵されているが（図 2・2 参照），人の耳に聞える騒音の変化に一番近いのが A 回路であって，これを A 特性といい，騒音の場合にはすべて A 特性で示し，単位は dB（A）と表示する．なお，騒音は実際上前述のように dB（A）はホンまたはホン（A）と同一の数値で示されることとなる．

2・3 騒音の伝搬と減衰

音源から放射された音は，幾何学的に拡散しながら伝搬していくが，次に述べる各種の原因により減衰していく．

（a） **距離減衰** 伝搬距離に対応して距離の 2 乗に反比例して減衰していく．点音源が自由空間にある場合には，次式が成り立つ．

$$I=\frac{W}{4\pi r^2} \tag{2・11}$$

$$L=L_w-20\log r-11 \tag{2・12}$$

ここに，I：音の強さ
　　　　W：音源出力
　　　　r：音源と観測点との間の距離
　　　　L：観測点との音圧レベル（単位：dB）
　　　　L_w：音源のパワーレベル（単位：dB）

また，地上空間において，地上面に点音源がある場合には，半自由空間であり地面を反射性と考えて，次式が成り立つ．

$$I=\frac{W}{2\pi r^2} \tag{2・13}$$

$$L=L_w-20\log r-8 \tag{2・14}$$

次に $r_2=2r_1$ として，それぞれ対応するのを L_2 および L_1 とすると，距離減衰量は，

$$L_1-L_2=20\log \frac{r_2}{r_1}=20\log 2 \fallingdotseq 6 \text{（dB）} \tag{2・15}$$

距離が 2 倍となると点音源の場合に 6 dB だけ減衰するが，これを -6 dB/倍距離または -6 dB/DD などと表現する．

線音源の場合には，円筒波と考えて自由空間にあるとき，次式が成り立つ．

$$I = \frac{W'}{2\pi r} \tag{2・16}$$

$$L = L_{W'} - 10 \log r - 8 \tag{2・17}$$

ここに，W'：単位長あたりの音源出力
　　　　$L_{W'}$：単位長あたりのパワーレベル

線音源の場合に半自由空間にあるとき，次式が成り立つ．

$$I = \frac{W'}{\pi r} \tag{2・18}$$

$$L = L_{W'} - 10 \log r - 5 \tag{2・19}$$

次に点音源の場合と同じように線音源の場合の距離減衰量を求めると，

$$L_1 - L_2 = 10 \log \frac{r_2}{r_1} = 10 \log 2 \fallingdotseq 3 \quad (\text{dB}) \tag{2・20}$$

距離が2倍となると線音源の場合に3dBだけ減衰するが，これを−3dB/倍距離または−3dB/DDなどと表現する．

（**b**）**大気の吸収による減衰**　音波は空気を媒質として伝搬するので，空気中の酸素分子の分子運動によって波動のエネルギーを失って減衰していく．そして，これは音波の周波数や空気の温度湿度によって減衰状況は変化する．このほか，空気の熱伝導および粘性によって波動のエネルギーを失うこともある．

（**c**）**地表面の吸収による減衰**　音波は吸音性のある表面近くを伝搬すると，波動のエネルギーを失っていく．普通の地面で5dB/100m，草地で5〜10dB/100mの減衰が生じるとされている．

（**d**）**構造物などの遮へいによる減衰**　音の伝搬する経路に構造物などがあると，音波は回折せざるを得ないので減衰する．回折する距離が大きければ大きいほど，減衰は大きくなる．

（**e**）**構造物などの表面の凸凹による減衰**　音の伝搬する経路にある構造物の表面に凸凹があると，音波は乱反射せざるを得ないので減衰する．この原理を利用して吸音材を内装するとともに表面を凸凹にしたのが吸音板である．

（**f**）**気象の影響による減衰**　気温が逆転して上空の温度が高い場合には，上空に向けて放射された音波が地上に押し戻されるので，減衰せずに遠くまで届く．風速は上空ほど大きく，したがって，風下では音波は減衰しにくい．

2・4 騒音の測定計器と測定法

(1) 騒音計

　騒音計は計量法で定められた法定計量器で，普通騒音計と精密騒音計の2種類があり，両者の間には性能上の差しかない．騒音計の規格としては，計量法に基づく計量器検定検査規則およびJIS C 1502（普通騒音計）またはJIS C 1505（精密騒音計）の規格がある．国際的にはIEC規格，アメリカにはANSI規格，イギリスにはBS規格，ドイツにはDIN規格とそれぞれあり，わが国の規格も含めて，これらの規格間には，細部には異なる部分のあるものの性能上の差異はない．騒音計には前述のように，A，B，Cの3種の周波数補正特性の聴感補正回路が内蔵されている．A特性は40ホン，B特性は70ホン，C特性は85ホン以上の等感曲線に対応している．このうち，A特性は計測値と人間の感覚とがもっとも対応がよいので，騒音レベルとして用いられ，C特性は平坦特性に近似していることから，物理的数値つまり音圧レベルを測定するのに用いられ，B特性は現在用いられることはない．なお，騒音計は計量器検定検査規則によって承認されたものであることが必要であるばかりでなく，JIS規格に合格し，3年ごとの検定を受ける必要もある．

(2) 周波数分析器

　周波数分析器には定幅型分析器と定比型分析器とがある．定幅型分析器とは一定幅の周波数バンドごとにレベルを求めるもので，たとえば分析幅を3 Hzとした場合に，対象周波数範囲のどこでも3 Hzの周波数幅でレベルを求めることができる．定比型分析器とはオクターブバンドまたは1/3オクターブバンドのように，遮断周波数比が一定比になるような周波数バンドごとにレベルを求めるもので，周波数が高くなるにつれて分析幅が広くなるという特徴がある．騒音や超低周波音や公害振動の場合には，この定比型分析器が用いられることが多い．

　騒音には多くの周波数成分が複雑に混合していて，その周波数を1オクターブまたは1/3オクターブごとに区切って，区切られた周波数バンドごとに成分のレベルを調査するのが周波数分析器である．周波数分析器はある特定の範囲の周波数成分だけを通すフィルタを並列に多数備えているか，または単一のフィルタの中心周波数を連続的に移動することにより，フィルターを通過した出力の音圧レベルを指示計にて表示するものである．なお，指示計にて表示する

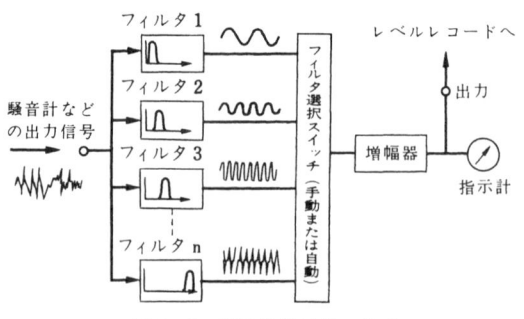

図2・3 周波数分析器の構成

とともに出力端子を通じてレベルレコーダに結ぶ（図2・3参照）。

1オクターブごとに区切る分析器をオクターブバンド周波数分析器，略してオクターブ分析器といい，1/3オクターブごとに区切る分析器を1/3オクターブバンド周波数分析器，略して1/3オクターブ分析器という。

騒音の周波数分析は図2・4に示すいずれかの方法によって行われる。なお，その場合に騒音計では前述のようにC特性を用いる。

(1) 騒音計 →現場→ 周波数分折器

(2) 騒音計 →現場→ 周波数分析器 → レベルレコーダ

(3) 騒音計 →現場→ データレコーダ
　　　　　　　　　　　↓
　　　　　　データレコーダ →あとで再生→ 周波数分析器
　　　　　　　　　　　↓
　　　　　　データレコーダ →あとで再生→ 周波数分析器 → レベルレコーダ

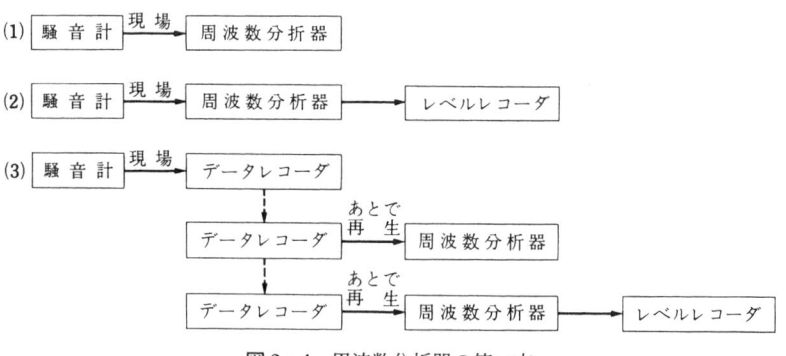

図2・4 周波数分析器の使い方

（3） レベルレコーダ

騒音レベルの測定結果や周波数分析結果を，騒音計や周波数分析器の指示計の指示値で読みとることが困難な場合とか，測定結果の記録が必要な場合に，騒音計や周波数分析器に接続してレベルレコーダが用いられる。レベルレコーダはレベルを記録ペンがレベルの変化に高速度で追従して，変化することにより記録することができる。そして，レベルレコーダの記録範囲は50 dBもあって，騒音計の指示計よりも広いのが特徴となっている。

(4) データレコーダ（テープレコーダ）

データレコーダはレベルレコーダと同じように，騒音計や周波数分析器に接続して騒音の測定結果を記録するために用いる．現場でとりあえず騒音を記録し，持ち帰ってから後で再生して種々の分析を行う場合とか，多点同時測定を行って測定地点間の相関を後で解析する場合などに用いられる．普通市販されているテープレコーダは，入力電気信号の変化を直接に磁気テープに残留磁気のかたちで記録する直接記録方式がとられていることから，記録できる周波数範囲は 50～10000 Hz に限られている．この周波数範囲を超えた騒音を測定する場合には，周波数を変調して変調された搬送波（直接記録できる周波数の信号）を磁気テープに記録する周波数変調記録方式がとられる．データレコーダはこの周波数変調記録方式を用いている．

(5) 騒音の測定と騒音レベルの表示

騒音計を用いて騒音レベルを測定して騒音レベルを決定し表示するには，JIS Z 8731 の騒音レベル測定方式により，次のように定められている．

1) 測定値の値が変動しないか，1～2 dB ぐらいの変動の少ない場合には，その目分量の平均測定値とする．
2) 測定値の値が周期的または間欠的に変動する場合には，その変動ごとの測定値の最大値の平均をもってする．
3) 測定値の値が不規則かつ大幅に変動する場合には，ある時刻から一定時間間隔ごとにそのときの瞬時値を読みとり，中央値や 90 % レンジ上下端値や 80 % レンジ上下端値などで表示する．中央値とは全測定値の最大値から数えても最小値から数えても同じ順位となる測定値をいい，平均値とは異なり，L_{50} で示す．90 % レンジというのは，上下の 5 % ずつを削除した範囲ということで，90 % レンジ上端値は全測定値のうち最大値から全測定数の 5 % の順位の測定値をいい，L_5 で示す．

2・5 地域騒音

工場や事業場など（特定工場等という）を発生源とする騒音を中心として建設作業による騒音も多い．このほか，深夜営業による騒音や，ピアノ，クーラーの音，拡声機の宣伝放送の音，などいわゆる近隣騒音もある．

特定工場等の騒音に関して，騒音規制法により，都道府県知事は関係市町村

長の意見を聞いて，住居の集合している地域や病院，学校の周辺地域のうち，とくに規制をする必要な地域について指定を行い，表2・2の環境基準の範囲内で規制基準と時間を定める．その地域内にある特定の施設を設けている特定工場等では届出義務があるとともに，規制された基準と時間を守る義務がある．

地域騒音のレベル変動の時間的変化の一例について図2・5に示す．図(a)は送風機やモータなどのように定常音と呼ばれる場合で，1回の読みとりか，平均値と変動幅を1回だけ読みとる．図(b)は機械に負荷がかかったり，無負

表2・2 特定工場等騒音に係る環境基準

時間の区分 区域の区分	昼 間	朝・夕	夜 間
第 一 種 区 域	45 dB 以上 50 dB 以下	40 dB 以上 45 dB 以下	40 dB 以上 45 dB 以下
第 二 種 区 域	50 dB 以上 60 dB 以下	45 dB 以上 50 dB 以下	40 dB 以上 50 dB 以下
第 三 種 区 域	60 dB 以上 65 dB 以下	55 dB 以上 65 dB 以下	50 dB 以上 55 dB 以下
第 四 種 区 域	65 dB 以上 70 dB 以下	60 dB 以上 70 dB 以下	55 dB 以上 65 dB 以下

(備考)
1. 昼間とは，午前7時または8時から午後6時，7時または8時までとし，朝とは，午前5時または6時から午前7時または8時までとし，夕とは，午後6時，7時または8時から午後9時，10時または11時までとし，夜間とは，午後9時，10時または11時から翌日の午前5時または6時までとする．
2. 第一種区域とは良好な住居の環境を保全するため，特に静穏の保持を必要とする区域．
3. 第二種区域とは住居の用に供されているため，静穏の保持を必要とする区域．
4. 第三種区域とは住居の用にあわせて商業，工業等の用に供されている区域であって，その区域内の住民の生活環境を保全するため，騒音の発生を防止する必要がある区域．
5. 第四種区域とは主として工業等の用に供されている区域であって，その区域内の住民の生活環境を悪化させないため，著しい騒音の発生を防止する必要がある区域．

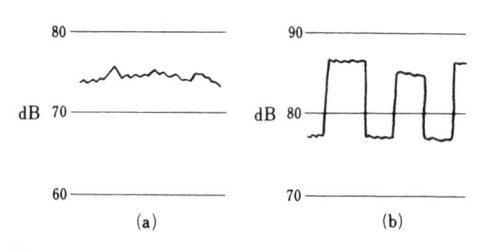

図2・5 地域騒音のレベル変動の時間的変化の一例

荷の状況のように変動がはっきり表れる場合で，定常音の場合と同じように読みとるが，最大値と最小値の変動幅や時間間隔を表示しておく．

特定の建設作業に伴って発生する騒音についても，同じようにして都道府県知事は地域を指定し，特定建設作業の種類および時間によって，作業場所の敷地の境界線における騒音の大きさは 85 dB 以下に規制される．

2・6　道路交通騒音

道路交通騒音は，エンジン，吸排気系，駆動系，タイヤ系などから発生する自動車騒音と，交通量，通行車種，走行速度，道路構造などから発生する道路騒音とが複雑にからみ合って周囲で伝搬するものであるが，モータリゼーションの進展に伴って問題となってきたものである（図 2・6 参照）．

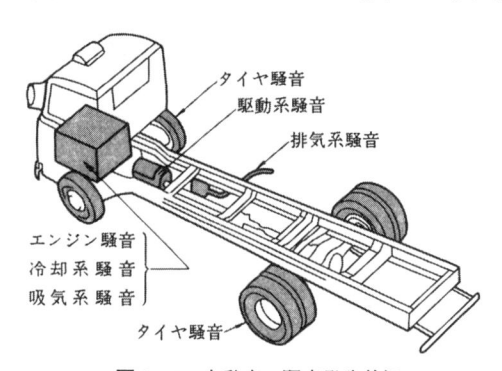

図 2・6　自動車の騒音発生状況

（1）騒音の測定

道路交通騒音の調査測定するにあたっては，騒音レベルのほかに，方向および車種別の交通量，道路の縦横断形状や路面形状や付属施設および沿道の地面や建物などの状況に関する道路条件，風向や風速や湿度および温度などの気象条件をも調査する．

（a）**測定地点**　環境基準のための測定では，建物から道路側の 1 m 地点，または歩道のないときは道路端を受音点とする．受音点距離による影響を調査する場合には外側または鉛直方向に測定点を設ける．

（b）**測定時刻**　環境基準のための測定では，その目的の時間帯に合わせる．交通騒音と交通条件との関係を調査するときには，交通条件の異なる時間

帯を選ぶ．

  (c) **測定回数**　　1〜2時間ごとに5秒間隔で100回以上10分間行う．平均値処理をする場合には，同じ条件で3回測定することが望ましい．深夜における大型車の騒音については鉄道騒音に準じる．

  (d) **測定条件**　　騒音測定するにあたっては，外周条件に注意して自動車以外の対象外の騒音が入らないように気をつける必要がある．また大きな反射体による反射音の影響も避けるようにしなければならない．

  (e) **測定計器**　　計量法および JIS 規格による騒音計を用いるが，必要に応じて，周波数分析器，レベルレコーダ，データレコーダなども用いる．

  (f) **測定結果の処理および表示**　　道路交通騒音のレベル変動の時間的変化の一例について図2・7に示す．指示値が大幅に不規則に変動するが，多数機多工程の工場周辺でも同じような状況になる．このような変化のある場合には，最大値や平均値のみで騒音の状況を表すことは適当ではないので，中央値と90％および80％レンジの上下端で表示する．なお，道路交通騒音レベルの評価は原則として等価騒音レベル L_{Aeq} で行われる．

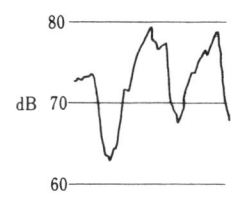

図2・7　道路交通騒音のレベル変動の時間的変化の一例

(2) 騒音の予測

　新しく道路を計画するとき，将来の道路交通騒音を予測して，あらかじめ，その対策を樹立しておく必要がある．予測方法には次のような手法がある．

  (a) **経験的モデル**　　道路の騒音レベルを測定するときに，同時に道路条件や交通条件の中で，騒音レベルに関係のあると思われる要因を選び出して調査することにより，騒音レベルとこれら要因との間の関係を統計処理してモデルを求める．

  (b) **解析モデル**　　騒音レベルに関係する要素を選び出して，物理学的法則によってモデルを組み立て，関係式を解析的に求める．道路交通の場合には交通量が多く，自動車が切れ目なく連なっている場合に，騒音が問題となるこ

2・6 道路交通騒音

表2・3　道路交通騒音に係る環境基準

<table>
<tr><th colspan="2"></th><th colspan="2">基準値</th></tr>
<tr><th colspan="2"></th><th>昼間
(6時～22時)</th><th>夜間
(22時～翌6時)</th></tr>
<tr><td rowspan="3">地域の類型</td><td>AA</td><td>50dB 以下</td><td>40dB 以下</td></tr>
<tr><td>A 及び B</td><td>55dB 以下</td><td>45dB 以下</td></tr>
<tr><td>C</td><td>60dB 以下</td><td>50dB 以下</td></tr>
<tr><td rowspan="3">地域の区分</td><td>A地域のうち2車線以上の車線を有する道路に面する地域</td><td>60dB 以下</td><td>55dB 以下</td></tr>
<tr><td>B地域のうち2車線以上の車線を有する道路に面する地域及びC地域のうち車線を有する道路に面する地域</td><td>65dB 以下</td><td>60dB 以下</td></tr>
<tr><td>幹線交通を担う道路に近接する空間の特例</td><td>70dB 以下</td><td>65dB 以下</td></tr>
</table>

(注)　AA：療養施設・社会福祉施設等が集合して設置され静穏を要する地域．
　　　A：専ら居住の用に供される地域．
　　　B：主として居住の用に供される地域．
　　　C：相当数の住居と併せて商業・工業の用に供される地域．

表2・4　道路交通騒音に係る要請限度

<table>
<tr><th colspan="2"></th><th colspan="2">基準値</th></tr>
<tr><th colspan="2"></th><th>昼間
(6時～22時)</th><th>夜間
(22時～翌6時)</th></tr>
<tr><td rowspan="3">区域の区分</td><td>a区域及びb区域のうち1車線を有する道路に面する区域</td><td>65dB 以下</td><td>55dB 以下</td></tr>
<tr><td>a区域のうち2車線以上の車線を有する道路に面する区域</td><td>70dB 以下</td><td>65dB 以下</td></tr>
<tr><td>a区域のうち2車線以上の車線を有する道路に面する区域及びc区域のうち車線を有する道路に面する区域</td><td>75dB 以下</td><td>70dB 以下</td></tr>
</table>

(注)　a：専ら住居の用に供される区域．
　　　b：主として住居の用に供される地域．
　　　c：相当数の住居と併せて商業・工業の用に供される地域．

とが多いので,道路を1本の均一な線音源とみなして,解析モデルを求めるのがほとんどである.この場合に基本式は式(2・19)であるが,線音源モデルとしての代表例として,次式がある.

$$L = 10 \log N + 20 \log V - 10 \log r + C \tag{2・21}$$

ここに,N:交通量(台/h)

V:速度(km/h)

C:常数

(c) 確率論モデル 個々の自動車の音源パワーが,ある一定値に対して確率分布しているという考え方に立ち,また自動車の車頭間隔についても,確立分布しているという考え方に立って求める.

(3) 騒音対策

道路交通騒音に対する許容値として,環境基本法による環境基準が決められ,騒音規制法により要請限度が定められている(表2・3および表2・4参照).

これらの数値は等価騒音レベルL_{Aeq}で示される.なお,要請限度とは,都道府県知事が指定した区域について,道路交通騒音がその要請限度を超えて,道路周辺の生活環境が著しく損なわれるような場合に,都道府県知事は,道路交通法の規定により交通規制を行うことを要請するとか,道路管理者に対して道路構造そのほかについて意見を述べることになっている限度をいう.

(a) 発生源対策 環境基準に定められた道路交通騒音の許容値以下とするための対策として,まず発生源である自動車に関する項目について次に述べると,

1) 自動車騒音のうちエンジン騒音については,車両検査の徹底と定期点検整備の徹底のほか,根本的対策としては低騒音の電気自動車の開発,などの自動車構造の改善を行う.

2) 交通管制システムや交通信号の系統化により,発進停止の回数を減らしたり,速度規制や大型車の通行制限を実施したり,大型車を中央よりに走行させるなどの自動車の走行状態の改善を行う.

3) 電車やバスなどの大量公共交通機関への転換,自転車利用の促進,通過交通の排除などの交通規制を行うことによる交通量の抑制を行う.

4) 自動車騒音のうち,タイヤ騒音については,タイヤ騒音を少なくしようとすれば路面がすべりやすくなって交通安全上の問題を生ずる.

(b) 周辺対策 道路を走行する自動車から発する騒音は,それが1台の

場合には点音源となって距離の2乗に反比例して弱くなっていき，交通量の多い場合には線音源に近づいて距離の1乗に反比例して弱くなっていく．つまり距離減衰するので，車道端から沿道の家屋に対して十分な距離をとれば解決することであるが，国土の広い国はともかく，わが国のように国土の狭い国では十分な距離はとれない．そこでわが国では次に述べる項目を道路側の対策としている．

1) 音源から家屋などまでの距離が短い場合に，距離による音の減衰があまり期待できないことから，音の伝搬経路の途中に側壁として，遮音壁を設けて音を遮へいし，回折させて減衰させる．遮音壁には単に音を反射させるだけのものと，吸音性をもたせたものとがある．

写真 2・1 吸音板を取り付けた遮音壁

写真 2・2 掘割構造として防音対策をしたパリ外郭環状道路

2） 遮音壁の代りに土を盛土したものを遮音築堤といい，音の減衰機能は遮音壁と同じである．築堤に植樹することにより，排気ガスなどの拡散，日照通風の阻害の減少，違和感や圧迫感を和らげるなどの効果もある．
3） 道路の構造について，盛土構造，切土構造，高架構造，掘割構造などの幾何学的な構造により，ある程度の音の回折減衰が期待できる．
4） 幹線道路などでは外側に広い環境施設帯を設けて緩衝空間とし，その中に植樹帯や遮音壁などを設けて，距離をとることによる距離減衰を図り，遮音壁により回折減衰を図り，植樹帯や地表面を軟らかくすることにより音の吸収を図る．なお，環境施設帯の中には，歩道や自転車道のほかに，通過交通を通さない側道なども設けて，緩衝帯とも呼ばれる．
5） 幹線道路に面した付近は，倉庫や沿道指向型のガソリンスタンドなど，騒音に無関係な施設を誘致するような都市計画上の土地利用計画とする．この場合に，用途地域が変更されて土地利用の限定される結果，土地価格が下がることもある．それでこれらの土地を道路管理者の負担により緑地として緩衝緑地としたり，緩衝建築物を設けることも考慮する．
6） 都市環状道路やバイパスを設けて通過交通を都市内から排除し，都市内の生活道路などを整備し，道路網の機能分化とシステム化を図る．

2・7 鉄道騒音

鉄道騒音は，車体の風切音，モータやエンジンの回転音，車輪の転動音，レールの継目やポイントにおける衝撃音，パンタグラフの摺動音やスパーク音，構造の振動音などが複雑にからみ合って周囲へ伝搬するものであるが，新幹線鉄道が出現して高速運転が行われ，列車回数も増えるにしたがって問題となってきたものである（図2・8参照）．

（1） 騒音の測定

鉄道騒音の調査測定するにあたっては，騒音レベルのほかに，列車の種別，編成，速度，乗客数，気象状況，線路状況，横断状況，横断方向の断面形状，沿線の地面や建物の状況などをも調査する．

（a） **測定地点**　線路脇を第一測定点として，線路の沿直方向に何箇所か測定地点を設けて受音点距離による影響をも調査する．

（b） **測定時刻**　その目的の時間帯に合わせて時間帯を選ぶ．

2・7 鉄道騒音　　　25

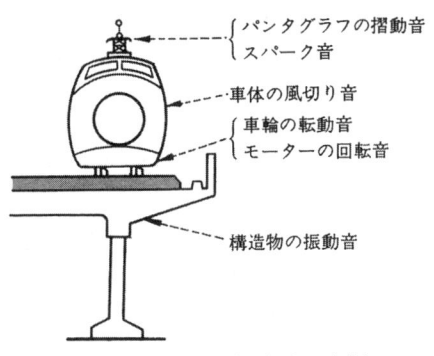

図2・8　新幹線鉄道の騒音発生状況

(c) 測定回数　　列車が通過する都度に行う．
(d) 測定条件　　道路交通騒音と同じ．
(e) 測定計器　　道路交通騒音と同じ．
(f) 測定結果の処理および表示　　鉄道騒音のレベル変動の時間的変化の一例について図2・9に示す．指示値は列車の通過するときに，周期的に間欠的に音が大きくなり，しかも，その指示値はほぼ一定のことが多く，工場での鍛造機の自由鍛造のときと同じような状況となる．このような変化のある場合には，平均値でも中央値でも騒音の状況を表すことは適当ではないので，列車の通過する発生ごとにピークレベル（最大値）を読みとり，そのピークレベルの平均値でもって表示し，必要あるときには測定回数や標準偏差をも付記する．

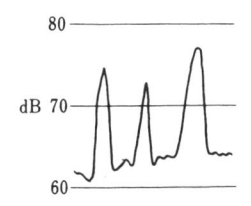

図2・9　鉄道騒音レベル変動の時間的変化の一例

(2) 騒音対策

新幹線鉄道騒音について表2・5に示す環境基準が定められ，都道府県知事が地域の指定を行うことになっている．在来線について基準はまだない．

(a) 発生源対策　　環境基準に定められた新幹線鉄道騒音の許容値以下とするためや，基準はないものの在来線鉄道の騒音を低減するための対策として，発生源に関する項目として次のようなものがある．

表2・5 新幹線鉄道騒音に係る環境基準

地域の種類	環境基準値
Ⅰ：主として住居の用に供される地域	70 dB 以下
Ⅱ：商工業の用に供される地域等Ⅰ以外の地域であって，通常の生活を保全する必要がある地域	75 dB 以下

1) 車輪の不整正が原因であることが多いことから，車輪の路面を削正するために定期的に車輪転削を行う．
2) 集電装置のうち碍子の形状を変更して音を低くする．
3) 車体のスカートを広くし，スカートの内側に吸音材をつけたりして，駆動装置などから発生する騒音を線路外へ伝搬するのを少なくする．
4) レールはなるべくロングレールを用いて，継目を少なくするとともに，ポイントの改良を行う．
5) 防振レールを用いて列車による振動を軽減し，振動の伝搬による構造物の二次騒音を防ぐ．
6) スラブ軌道を用いると，3 dB（A）程度騒音が高くなるので，これを防ぐためにスラブマットを入れる（図2・10参照）．
7) 有道床高架橋または有道床鋼桁橋において，軌道を経て構造物に振動が伝わって二次騒音が発生するので，これを防ぐために，その間にゴム

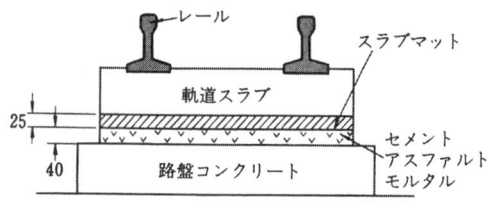

図2・10 スラブマット

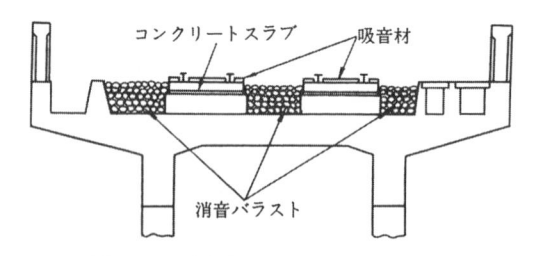

図2・11 高架橋スラブ上面の吸音処理

シートを敷く．これをバラストマットという．
8） 高架橋スラブ上面の場合に，平滑なスラブ上面が騒音を反射していることがあり，これを防ぐために吸音材や消音バラスト（砕石）を入れる（図2・11参照）．

（b） 周辺対策 発生源対策を十分に行っても環境基準の許容値を満たすことができない場合に，周辺対策の項目として次のようなものがある．
1） 鉄道用地の両端に，鉄道側の負担にて環境保全のための緩衝空間を設けて，公園緑地などとして距離減衰をはかる．
2） 騒音レベルが75ホンを超える区域の住宅および騒音レベルが70ホンを超える区域の学校や病院などについては防音工事の助成を行う．
3） 以上の住宅や学校や病院などで，対策工事を実施しても解決が困難な場合には移転に要する費用を助成する．
4） 鉄道周辺の土地利用の適正化を図る．

2・8 航空機騒音

航空機騒音が問題となってきたのは，航空機がジェット化されるようになってからで，さらに大型化と運行台数の増加とともに，わが国だけではなく世界的に大きな社会問題となったものである．ジェット機の騒音のパワーレベルは150 dB以上にもなり，ジェット機が頭上を通るときは，滑走路端から飛行経路の縦方向の1 km地点で100～140 dB（A），5 km地点で85 dB（A）を超え，飛行経路の横方向でも1 km地点で85～90 dB（A）にもなる．

このようにジェット機の騒音は，そのレベルも高く影響のおよぶ範囲も広いうえに，空港では地上でのエンジンテストも加わる．以上から離着陸回数の多い空港の周辺では，生活環境を保全するうえで大きな問題となっている．

（1） 騒音の表示

地上での騒音レベルは，飛行経路・離着陸・飛行高度・風速風向気温・地形などによって影響されるが，航空機，とくにジェット機の騒音は金属性の成分を含むうえに，持続時間が短くて衝撃的であるという特徴があることから，他の騒音で用いられるホン（A）やdB（A）という単位を用いるのは適当でない．dB（D）という単位も提案されているが，やかましさを考慮に入れた独得の単位を用いることが適当とされている．

表2・6 航空機騒音に係る環境基準

地域の種類	環境基準値（単位：WECPNL）
Ⅰ（表2・5参照）	70 以下
Ⅱ（表2・5参照）	75 以下

表2・6に示す環境基準は，このやかましさを考慮に入れ，1機ごとの騒音の大きさに，機数や発生時間帯までを加味した加重等価平均感覚レベル (WECPNL, Weighted Equivalent Continuous Perceived Noise Level) を単位として用いる．一般に"うるささ指数"とも呼ばれる．この単位は航空機騒音の特徴をよく表現しているので，国際民間航空機関（ICAO）で国際単位として定められている．わが国では次式にて算定することになっている．

$$\text{WECPNL} = \overline{\text{dB(A)}} + 10 \log(N_1 + 3N_2 + 10N_3) - 27 \qquad (2 \cdot 22)$$

ここに，$\overline{\text{dB(A)}}$：1機ごとのピークレベル（最高値）の1日パワー平均
　　　　N_1：7～19時の時間帯の飛行回数（機数）
　　　　N_2：19～22時の時間帯の飛行回数（機数）
　　　　N_3：22～7時の時間帯の飛行回数（機数）

(2) 騒音対策

表2・6に示す環境基準は，航空機騒音公害を防止するために，発生源対策や周辺対策として定められたものであり，都道府県知事が地域の指定を行うことになっている．

(a) 発生源対策 わが国では国内で使用する航空機は，騒音が一定の基準を超えるジェット機の飛行が禁止されている．その一定の基準は，国際民間航空機関で定められた基準を参考にされており，B747，B767，L1011，DC10，A300などの最新型機はこれに合格しており，B727，B737などの古い機種はエンジンの改良などを行って合格している．また，新東京・東京・関西国際などの国際空港では夜間の時間帯の離着陸を制限したりして騒音を軽減する運航方式をとっている．さらに騒音を軽減する運航方式として次のような方法がある（図2・12参照）．

1) 急上昇方式と呼ばれるもので，高度1500mぐらいまで一気に上昇することによって騒音影響範囲の縮小を図る．
2) カットバック方式と呼ばれるもので，離陸して一定高度に達したあと，住居地域などの上空では，加速を押えるとともにエンジン出力を絞って

2・8 航空機騒音

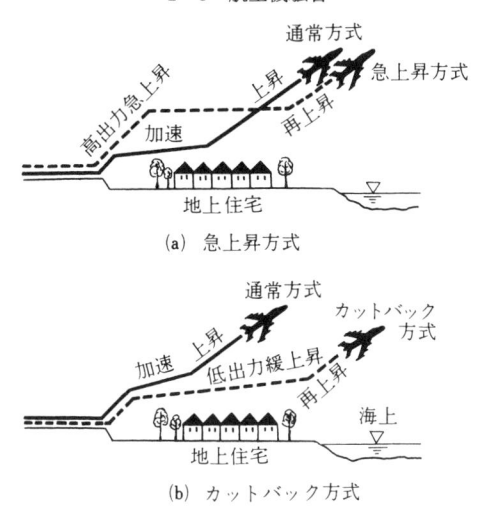

図2・12 騒音軽減運行方式
(a) 急上昇方式
(b) カットバック方式

　　上昇することにより低騒音で通過し，住居地域などを過ぎてから通常の上昇に戻る．これにより住居地域などでの騒音の減少を図る．
3)　優先滑走路方式と呼ばれるもので，滑走路の一方に海上などの騒音影響の少ない地域がある場合，風向風速などの条件が許される限り，その方向に離着陸することによって空港周辺での騒音の影響を少なくする．
4)　優先飛行経路方式と呼ばれるもので，空港周辺で民家の上空を，できるだけ避けるような飛行経路をとることによって騒音を少なくする．
5)　ロウフラップアングル方式と呼ばれるもので，フラップ角を浅くして機体抵抗を減らし，エンジン出力を小さくして，騒音の減少を図る．
6)　ディレイドフラップ方式と呼ばれるもので，着陸時にフラップや脚下げを遅くして，機体抵抗を減らし，5)と同様に騒音の減少を図る．

(b) 周辺対策　民間機用空港周辺で環境基準を達成することが困難な地域について，特定飛行場に限り，次のような区域の区分に応じて対策を行う．
1)　第一種区域と呼ばれるWECPNLが75以上ある区域では，住宅の騒音防止工事の助成を行う．
2)　第二種区域と呼ばれるWECPNLが90以上ある区域では，建物などの移転の補償や買取りを行う．
3)　第三種区域と呼ばれるWECPNLが95以上ある区域では，緩衝緑地

帯などの整備を行う．

このほか，学校や病院などの防音工事の助成を行ったり，集会所などの共同利用施設整備の助成を行ったり，テレビ受信障害対策・電話通信障害対策の助成を行ったり，再開発事業を行ったりするが，根本的には計画的土地利用と立地規制をすることが重要で，緩衝緑地や公園や工場や倉庫などを空港周辺に適切に配置するとともに，周辺での住宅などの建築制限をする必要がある．なお，自衛隊や米軍が使用する飛行場（基地）の周辺でも同様であるが，軍用機の場合には航空機自体の発生源対策は無理であることから，飛行時間の自主規制とともに，民間空港と同様の周辺対策を行うことにより，平均的な離着陸数や機種や周辺人家の密着度を勘案して，表2・6の規制基準に準じることとなっている．

研 究 課 題

2・1 オクターブバンドレベルとは何か．
2・2 騒音の減衰は何によるか．これにより騒音対策はどうすればよいか．

第3章　超低周波音

3・1　超低周波音（低周波空気振動）の定義

　第2章で述べたように，20 Hz 以下の人間の耳に音として聞こえない音波を超低周波音というが，聞こえない空気振動であることから，（超）低周波空気振動とも超低周波微気圧波とも呼ばれることがある．一般に 100 Hz 以下の音波を超をつけずに，低周波音などと呼ぶ場合もあり，超低周波音を低周波空気振動と俗称されるが，学問的には低周波音とは耳に聞こえることを前提とするので，20～100 Hz の周波数の音をいい，耳に聞こえない超低周波音と区別している．

　超低周波音は耳に聞こえないだけで，音波であることは騒音の場合となんら変わらないし，超低周波音の音圧レベルの大きさも騒音の音圧レベルの範囲内にあることなどから，騒音の場合の音圧レベルと同じ音圧レベルを用いる．その方が騒音問題などとの関連から都合のよいことが多い．

　騒音の場合には音波の波長はあまり問題とはならないが，超低周波音の場合には波長の極めて長いことから波長も問題となる．それは波長が長いために，遮音壁などが全然役に立たないからである．音波の波長を次式により求める．

$$c = \lambda f \qquad \lambda = c/f \tag{3・1}$$

ここに，λ：音波の波長（単位：m）
　　　　f：音波の周波数（単位：Hz）
　　　　c：音波の伝搬速度（340 m/s）

f を 1～20 000 Hz とすると，λ は 340～1.7 m となり，このうち超低周波音の 1～20 Hz をとりあげると，340～17 m となる．この波長より高い遮音壁を作ることは不可能である．

　超低周波音が公害として問題となるのは次のような場合である．
　1）　超低周波音の音波によって空気振動が伝わって，建物の窓や建具などがガタガタと振動し，この振動によって二次的に音が発生する．それで超低周波騒音といわれるのであるが，窓や建具には固有振動数があって，

その同じ固有振動の力が加わったとき，共振状態となり振動が大きくなる．窓や建具の固有振動数には超低周波数の範囲のものが多い．音圧レベルは周波数で異なるが，人体が関知するほどでない 70～80 Hz ではじめてガタガタと振動する．

2） 超低周波音の波長は人体に比べて大きいので，人体に対する刺激は一様となるが，人体の組織は空気に比べて圧縮性が小さいことから，全身に対する影響はまずない．しかし，人体の一部に限って加わり，人体内に入って条件が揃ったときには，共振現象によって内臓などが大きな振動を起こし，色々な症状を引き起こす．頭痛，イライラ，耳鳴り，めまい，吐き気，動悸などの自覚症状があるが，これらの自覚症状には個人差があり，中年婦人に敏感であるとされている．しかし，検査しても特別に異常はない．症状は音圧レベルが 100～130 dB 以上のような極めて高い音圧レベルのときに限られる．

3） 超低周波音による人体への影響の一つに睡眠妨害がある．90～100 dB 以上というかなり高い音圧レベルのときに限られる．

4） 超低周波音を人体に加えた場合に，閾値(いきち)の音圧レベルは周波数で異なり，20 Hz で 85 dB，10 Hz で 100 dB，5 Hz で 110 dB，2 Hz で 130 dB とされているが，敏感な人では 10～20 dB ほど低い．鼓膜の破れる 160～185 dB に比べるとはなはだ低いが，この閾値より数 dB レベルが大きくなると，人は不快感として圧迫感などを生じる．しかし，これらの数値は極めて高い音圧レベルの部類に属する．

5） 超低周波音の周波数によって人体に与える影響が異なり，3～5 Hz の超低音域で鼓膜や頭の圧迫感や重苦しさや息苦しさが強く現れ，10～20 Hz の中低音域で体の各部で振動感を感じ，40 Hz の高低音域で音のうるささなど音の大きさ（聴感）を感じる．

3・2 超低周波音の表示単位

超低周波音は前述のように周波数が異なるだけで，普通の音波と同じように音圧レベルを用いることから，音の強さのレベルなどもすべて同じように騒音の場合を用いる．

音圧レベルについては，式（2・1）より

$$\alpha = 20\log\frac{P}{P_0} = 20\log\frac{P}{2\times10^{-5}}$$
$$= 20\log P + 94 \tag{3・2}$$

音の強さのレベルについては，式（2・2）より

$$L = 10\log\frac{I}{I_0} = 10\log\frac{I}{10^{-12}}$$
$$= 10\log I + 120 \tag{3・3}$$

オクターブバンドレベルも 1〜20 Hz の周波数範囲をある周波数バンドに分け，周波数バンドごとにそのバンドの音圧レベルを中心周波数で代表して表す．周波数バンドの幅，バンドの両端の周波数，および中心周波数は国際電気標準会議（IEC）において決められていることは第 2 章で前述の通りであるが，超低周波音の場合に表 3・1 に示すものが使われている．この表に示す周波数成分でたいていは十分であるが，さらに詳しく周波数成分を知りたいときは，1/6 とか 1/12 オクターブバンドなど細かい周波数バンドが用いられることもある．オーバオールレベルを算出するときには，騒音と同じように式（2・10）

表 3・1　オクターブおよび 1/3 オクターブバンド中心周波数と遮断周波数（IEC 規格）

オクターブバンド		1/3 オクターブバンド	
中心周波数(Hz) f_{0i}	遮断周波数(Hz) $f_i \sim f_{i+1}$	中心周波数(Hz) f_{0i}	遮断周波数(Hz) $f_i \sim f_{i+1}$
1	0.71〜1.4	0.8 1 1.25	0.71〜0.9 0.9〜1.12 1.12〜1.4
2	1.4〜2.8	1.6 2 2.5	1.4〜1.8 1.8〜2.24 2.24〜2.8
4	2.8〜5.6	3.15 4 5	2.8〜3.55 3.55〜4.5 4.5〜5.6
8	5.6〜11.2	6.3 8 10	5.6〜7.1 7.1〜9 9〜11.2
16	11.2〜22.4	12.5 16 20	11.2〜14 14〜18 18〜22.4

を用いる．

　超低周波音の音波の物理的性質は，周波数バンドごとの音圧レベルで表すことができるが，これはあくまで物理量であって騒音の場合と同じく人体の感覚特性は加味されていない．騒音の場合に物理的尺度である音圧レベルに聴感覚を考慮して，騒音レベルを用いていることは第2章に述べたとおりであるが，同じようにして物理量である超低周波音圧レベルに，超低周波音の感覚補正値を加えて超低周波音レベルとする．感覚補正値としては，一定周波数の音波の音圧レベルを基準（0 dB）とした感覚差の dB 値を用いることになっているが，補正値には種々の案が提案されていて，現在国際的に定まっていない．

3・3　超低周波音の伝搬と減衰

　超低周波音も騒音と同じ音波であるので，伝播と減衰について変わることはない．しかし，距離減衰のほかの減衰については，減衰量は小さくて実用上は無視される．ことに構造物などの遮へいによる減衰は，前述したように波長が長いために，波長より高い遮音壁があり得ないから，減衰することはほとんどない．以上から超低周波音は，騒音に比べて遠くまで到達する．

3・4　超低周波音の測定計器と測定法

　（1）　低周波音レベル計

　低周波音レベル計は，騒音系と同じくオーバオールレベルを測定する計器をいう．測定周波数範囲は 1〜50 Hz とか 1〜1000 Hz とかの場合が多い．それで，オーバオールレベルは，これらの周波数範囲の音圧レベルであって，超低周波音の音圧レベルとはならない．

　低周波音レベル計には騒音計と同じように，超低周波音の感覚補正値を加えた超低周波音レベルを測定する周波数補正回路と，物理量をそのまま測定する平坦特性回路とがある．

　（2）　周波数分析器

　周波数分析器も騒音の場合と変わらない．超低周波音場合には，平坦特性回路を用いることが多い．1/3 オクターブ分析を平坦特性回路を用いた場合，表 3・1 に示す 1〜20 Hz の超低周波音の 14 個の 1/3 オクターブバンドレベルか

ら，基本式を式（2・10）として，次式にてオーバオールレベルが算出できる．

$$L_p = 10\log\left(\sum_{i=1}^{14} 10^{L_i/10}\right) \tag{3・4}$$

ここに，L_p：オーバオールレベル
　　　　L_i：1/3 オクターブバンドレベル　（$i=1\sim 14$）

表 3・1 に示すように，超低周波音はオクターブバンドレベルの場合には 5 個，1/3 オクターブバンドレベルの場合には，14 個の dB の分析結果から求められる．この dB の数値を合計したものが超低周波音のオーバオール音圧レベルであることを式（3・4）は示している．

この分析結果に，前述した感覚補正値をそれぞれ加えて，5 または 14 個のレベルを算出し，この dB の数値を合計したものが超低周波騒音レベルとなる．これを次式にて示す．

$$L = 10\log\left(\sum_{i=1}^{14} 10^{(L_i+\alpha_i)/10}\right) \tag{3・5}$$

ここに，L：オーバオールレベル
　　　　α_i：中心周波数ごとの補正値

なお，式（3・5）は超低周波に感覚補正値が加わった周波数回路を用いた場合も同じこととなる．また，1/3 オクターブバンドレベルの dB の数値を三つ合計したものがオクターブバンドレベルとなる．

（3）　レベルレコーダ

レベルレコーダは，超低周波音の測定結果や周波数分析の結果を，低周波音レベル計や周波数分析器の指示計の指示値で読み取ることが困難な場合とか，測定結果の記録が必要な場合に，騒音の場合と同じように用いられる．JIS C 1512 に定められているレベルレコーダのうち，測定周波数が 1～90 Hz のものが用いられる．

（4）　データレコーダ

データレコーダも騒音の場合と同じように用いられる．ただし，前述したように，市販のテープレコーダでは超低周波音の周波数帯域 1～20 Hz は記録できないので，周波数変調記録方式を用いているデータレコーダでない限り，用をなさない．

（5）　超低周波音の測定

騒音の場合に準ずる．

3・5 地域超低周波音

自然の中には超低周波音を発するものが数多くある．風や海の波や滝の水の乱れなどから発する場合のほか，地震や火山の爆発など偶発的な現象の場合もあり，波長が非常に長いという特徴から，減衰せずに遠くまで到達する．音圧レベルは 40 〜 100 dB のことが多いが，130 dB にも達する場合がある．なお，自然界のこれらの超低周波音は微気圧変動とも呼ばれる．

人間はこれらの超低周波音の中で存在し生きてきたので，人の生理機構はこれらの範囲のレベルならば支障はないのであるが，地域社会の中では文明が発達するにつれて機械などから発生する人工的な超低周波音が加わり，しかも音圧レベルの高いのが多い．実例を下記に示す．

（a） **ダ ム**　上述のように自然の中で滝の水の乱れなどから，超低周波音を発することがある．これは水流と水流の背面との間の空洞が一つの空気柱を形成し，この空気柱は無数の固有振動数をもっていて，何らかの理由で水の乱れなどが原因となり，超低周波成分の固有振動が加振されると端面などから超低周波音が外部に放射されることにより発生する．自然と同じような状態でダムから薄い水流が落下するとき，同じような状況が発生する．ダムから水流が落下するときに，落下点の水深，落下高さ，流速，水膜の厚さなどによって水流の落下音の音圧レベルと周波数成分が決まる．この落下音の周波数成分が，空気柱の超低周波数成分の固有振動数と共振して加振される．また，薄い水膜は水理学的原因または風などによって加振されて，それ自体の固有振動数で振動する．これらの水膜の振動が超低周波音を発生するのであるが，水膜が振動しないようにするために，ダムの頂部に水流の分割構造を設けたり，格子や多孔板や邪魔板などを設けたりして水膜の形成を妨げたり，また空気柱の固有振動振を変えるために仕切板を設けたりする．

（b） **送風機**　主として回転翼が空気に与える衝撃によって生ずる音波と，翼からの渦の流れによって生ずる音波とがあるが，いずれにしても正常な状態で運転されている場合には，超低周波音を発することはない．旋回失速とか，吸い込み状態の不均一なときなどに，超低周波音を発する．風力発電に用いられる風車が，正常運転の場合でも，回転数が低いときに超低周波音を発することがある．

（c） **往復式空気圧縮機（コンプレッサ）**　シリンダ内のピストンの往復

運動によって，空気の圧力などを高める圧縮機で，空気に衝撃を与えることから，超低周波音を発生する可能性をもっている．消音器を用いると防止できる．

　（d）　ディーゼル機関　　（c）と同じように，シリンダ内の空気をピストンの往復運動によって，圧縮して動力を得る内燃機関であることから，超低周波音を発する可能性をもっている．大型で試運転のときに吸排気口から生ずる．消音器を用いると防止できる．

　（e）　ボイラ　　ボイラの火炉の熱による高圧気体の圧縮および膨張や，ボイラの付属装置である再熱器の気流が原因で，超低周波音を発生することがある．

　（f）　振動ふるい　　ふるいは加振器によって網面を振動させて砕石などをふるい分けるものである．この加振器が不平衡型加振器を用いている場合に，加振器の超低周波成分の加振周波数によって，ふるい本体各部が強制的に加振され，その振動によって超低周波音が発生する．加振器の加振力の大きさを低減すると，部材などの固有振動数と共鳴しないが，能率が落ちる欠点があることから，防止策としては発生音波を少なくしたり，発生音波の位相を変えたりする．

3・6　道路交通超低周波音

　道路交通に起因する超低周波音は，道路橋に発生することが多い．発生源の一つは橋梁の伸縮継手にある．橋梁は鋼橋にしてもPC橋にしても，鉄やコンクリートの伸縮に対応するために伸縮継手を設けざるを得ないが，継手には必ず遊隙とよばれる隙間があり，長年の間にはどうしても段差が生じてくる．この隙間や段差を自動車が通るときに，自動車の荷重による衝撃によって橋梁が振動し，床板などが振動して音波を発生する．伸縮継手の段差の大きさと自動車重量の大きさと走行速度の大きさなどによって，自動車の橋梁に対する加振力は異なる．そして橋梁は多くの固有振動数をもっている．

　また，自動車が橋台と橋脚または橋脚と橋脚の間（支間）を通過中に，橋面に不規則な凹凸などがある場合，自動車の固有振動数で振動し，この自動車の振動によって自動車が橋梁を渡り終わるまでの比較的長い間で橋梁が振動し，床版などが振動して音波を発生する．橋面の凹凸の大きさと，自動車重量の大きさなどにより自動車の橋梁に対する加振力は異なる．加振される周波数は自

動車のばね下固有振動数によって決まるが，10〜20 Hz のことが多い．

　橋梁は上述のように多くの固有振動数をもっているが，自動車が伸縮継手または橋梁の凹凸により加振された場合に，加振力の周波数の近い固有振動数で振動する．

　橋梁の支間が短い場合には，振動する固有振動数が高くなって波長も短くなり，発生する音波の周波数も高くなって普通の騒音となり，超低周波音を発生することはない．支間の長さが 40〜80 m の橋梁の場合に超低周波音を発生させやすい．なお，支間が 80 m 以上の橋梁となると，橋梁自身の荷重，つまり死活重が大きくなって，自動車による衝撃荷重は比較的小さくなることから，橋梁は揺れにくくなるので，音波を出すことも少なくなる．

　以上から，橋梁の超低周波騒音対策は次のようになる．

1) 橋梁の構造から超低周波音を発生するような固有振動数にならないように，橋梁の設計を行うこと．また橋梁の剛性を増すこと．
2) 超低周波音が発生するのは，橋梁全体の振動であるので，部分的に改良しても騒音には有効だが，超低周波音には効果はない．
3) 伸縮継手の段差や遊隙をなくすなり少なくしたり，橋面の凹凸を減らしたり，場合によっては走行速度を規制する．
4) 道路橋には騒音対策として防音壁が設けられることがあるが，防音壁が橋梁の振動によって加振され，共振して超低周波音を発生することもあるので，防音壁はその剛性を増すなどの対策が必要となる．

3・7　鉄道超低周波音

　列車がトンネルに突入すると，爆発や発破などと同様に，トンネル内の空気が圧縮され，空気中に直接圧力変化が起こる．この圧縮波はトンネル内を前方の出口の方向に音速で伝搬していくが，トンネルの出口で衝撃的な音波となって放射される．ただし，この音波は，どのトンネルでも超低周波音となるとは限らない．

　超低周波音が出口で発生するのは新幹線鉄道の場合に限られ，公害として問題となったのは，① 比較的長い 5 km 以上のトンネルで，② 断面積が約 64 m^2 あり，③ 断面積が約 14 m^2 の列車が，④ 200 km/h 以上の速度で突入し，⑤ トンネル内のスラブ軌道（路盤上にコンクリート板を並べて，その上にレール

を敷設した軌道）を走行した場合に限られる．

　以上の新幹線鉄道の条件を変えると，超低周波音は発生しない．条件のうち，①②③⑤の条件を変更することは無理であり，④の条件も列車速度を160 km/h以下にすると発生しないことから，列車速度を下げることも考えられるが，新幹線というスピードを使命とする鉄道では困難を伴う．それで列車突入の入口側にトンネル断面積よりも大きくて窓を開けたフードを設けて，列車突入によるトンネル内の空気の圧力上昇を軽減する方策が取られる．

3・8　航空機超低周波音

　最近の航空機はほとんどがジェットエンジンである．ジェットエンジンから高温高速のジェット排気が，ファン空気を介して外部の静止空気と混合するときに渦が発生する．この渦によって音波が発生するが，排気口に近いほど周波数が高く，排気口から遠ざかるほど周波数が低くなる．つまり超低周波音が出る．出力が小さいときは問題ないが，出力の大きいとき超低周波騒音として問題となる．ジェット機が離陸するときは高出力を必要とし，また，ジェットエンジンの試運転を行うときは，高出力を出すので超低周波騒音の問題が生じる．

　高出力を出さないようにするわけにはいかないので，エンジン排気口と排気消音器との中間に補助ダクトを設け，ジェット排気をこの中に吸い込んで，ジェット流による音波の発生を少なくし，超低周波音の低減を図る処理をとる．

研 究 課 題

3・1　超低周波音の発生の原因を調査し，その原因をなくすための方策を検討せよ．
3・2　超低周波音の距離減衰のほかの方策について，どんな方策が考えられるか検討せよ．

第4章 公害振動

4・1 公害振動の定義

　好ましくない音，または不快な音を騒音と呼ぶが，これと同様に好ましくない振動，または不快な振動を公害振動と呼び，普通の振動と区別する．
　地盤には常時微動と呼ばれる人体には感じられない微弱な振動が存在し，地盤は，その地区の地盤の種別による固有の振動数で常時振動している．一般に地盤の固有振動数は地盤が固いほど高い．そこにある振動源によって発生した振動波が地表を伝わっていくとき，振動を伝達するのは地盤の土や岩の粒子であって，粒子の振動方向が波の伝搬方向と一致する場合を縦波といい，直角な場合を横波といい，波の進行方向を含む鉛直な面内で楕円運動をする場合を表面波という．公害振動の場合には，振動源および振動を問題にする地点が地表面の近くにあることが多いので，縦波は考慮する必要はない．
　横波を例にとると，振動波は媒質粒子である土などの上下運動であるので，1秒間における振動の回数つまり周波数（振動数ともいう）で表されて，ヘルツ（Hz）という単位を用い，一般に記号 f で表される．ところが，どんな周波数の振動でも人体に感じるものではない．人体に感じるのは $0.1 \sim 500$ Hz である．このうち公害振動として問題となるのは，非常に大きい振動や建物に被害を及ぼす振動のように，明らかに生活環境を侵害する振動は，周波数が低いことが特徴である．主として $1 \sim 90$ Hz が対象となっている．なお，小さな振動でも人に心理的影響を及ぼす振動はもちろん，公害振動に含まれる．
　振動の波長は振動変位が同じ値になる二点間の距離をもって示し，次式で示される．

$$C = \lambda f \qquad (4・1)$$

　ここに，λ：振動の波長（単位：m）
　　　　　f：振動の周波数（単位：Hz）
　　　　　C：振動の伝搬速度（単位：m/s）
　地盤の表面波の場合には，公害振動で伝搬速度は 200 m/s のことが多いの

で，式（4・1）から公害振動の対象となる周波数の場合に波長は 200～2.2 m となる．このように波長は大きいので，とくに低い周波数の場合に巨大となり，4・3節（2）項で後述するように溝や遮断層を設けても，波長より大きいものを作るわけにはいかないことから，距離減衰のほかに公害振動を防止することははなはだ難しい．

4・2　公害振動の表示単位

振動の尺度には，物理量としての強弱を表す物理的尺度と，感覚量としての大小を表す感覚的尺度とがあり，前者には振動加速度実効値と振動加速度レベル，後者には振動の大きさレベルと振動レベルとがある．

（1）振動加速度実効値

振動加速度の変化には，正弦振動波で代表されるような周期的振動もあるが，非周期的な不規則振動もある．公害振動では振動の強弱を示す基本的尺度として，図4・1に示す振動加速度実効値を用いるが，周期的振動をする振動加速度の変化の場合に次式で示される．

$$A = \sqrt{\frac{1}{T}\int_0^T \{f(t)\}^2 dt} \tag{4・2}$$

ここに，A：振動加速度実効値（単位：m/s²）
　　　　T：周期
　　　　$f(t)$：時間関数

上式の意味するところは，振動加速度実効値とは $f(t)$ の2乗の1周期についての平均の平方根をもってするということである．これが正弦振動波の場合に，上式は次式で示される．

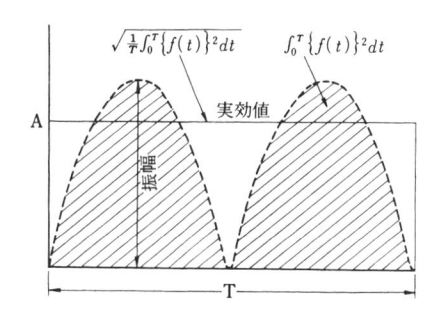

図4・1　振動加速度の実効値

$$A=\sqrt{\frac{1}{T}\int_0^T\left\{A_m\sin 2\pi ft\right\}^2 dt}=\frac{A_m}{\sqrt{2}} \tag{4・3}$$

ここに, A_m: 振幅 (A の約 7/10)

　非周期的な振動の場合には, 周期はないけれども T としてある適当な時間をとって, 式 (4・2) より A を計算して求めた数値をもって振動加速度実効値とする. 振動加速度実効値は, 変化する振動加速度の瞬時値ではなく, 平均的な一定加速度ということとなる. 人々が振動を感じるのは, この一定加速度が刺戟となるからであり, 振動加速度実効値の大きい振動は強い振動と感じ, 振動加速度実効値の小さい振動は弱い振動と感じる.

(2) 振動加速度レベル

　振動加速度実効値は絶対値であるが, 人々が公害振動として問題とするのは絶対値ではなく強弱であり, その強弱を表す実用的な尺度として次式に示す振動加速度レベルを用いる.

$$L_a = K\log\frac{A}{A_0} \tag{4・4}$$

ここに, L_a: 振動加速度レベル (単位: デシベル dB)
　　　　K: 20 を用いる
　　　　A_0: 振動加速度基準値 (10^{-5}m/s², 人体の全身振動感覚閾値(いきち)の 1/1000)

　全身振動とは, 立った場合には足を通じて, 座った場合には腰を通じて, つまり人体の支持部を通じて振動が伝わって全身が振動する場合をいう. 全身振動感覚閾値は継続時間 1 秒以上で, 人体に全身振動として感じられる最小振動加速度実効値をいい, 周波数が 4〜8 Hz の鉛直振動で約 10^{-2}m/s² となる. A_0 を 0 dB とすると, 閾値の 10^{-2}m/s² は 60 dB となり, 10^{-1}m/s² は 80 dB となる. 公害振動の対象となる範囲は, この 60〜80 dB とされている. なお, 閾値の振動加速度実効値 10^{-2}m/s² は 1 GAL (ガル) といい, 0.001 g (重力の加速度 980 cm/s²) に等しい.

(3) 振動スペクトル

　振動にはいろいろな周波数成分があり, 一つの振動をとりあげても多数の周波数の振動が複合されている. このような振動を表示する場合に, たいてい横軸に周波数をとり縦軸に振動加速度レベルをとり, 振動を構成する周波数成分ごとに振動加速度レベルをプロットして表す. これを振動スペクトルという.

4・2 公害振動の表示単位

公害振動は前述したように1〜90 Hzの範囲であるので，この周波数内の振動を周波数バンドと呼ばれる周波数帯域に分け，そのバンドの中心周波数で代表してバンド内の振動加速度レベルを表す．周波数バンドの幅やバンドの両端の周波数および中心周波数は，国際電気標準会議（IEC）において表4・1のように決められている．なお，これは音波の場合と同じである．

オクターブバンドレベルと中心周波数の関連については，2・2節(3)項で前述したとおりで，騒音の場合と変わらないが，公害振動の周波数範囲は1〜90 Hzであることから，表4・1に示すように，周波数範囲0.71〜90 Hzで中心周波数1〜63 Hzの7個のオクターブバンドとなる．また周波数範囲0.71〜90 Hzで中心周波数1〜80 Hzの20個の1/3オクターブバンドとなる．そして，オクターブバンドの場合も1/3オクターブバンドの場合も，その

表4・1 オクターブおよび1/3オクターブバンド中心周波数と遮断周波数

オクターブバンド		1/3 オクターブバンド	
中心周波数(Hz) f_{0i}	遮断周波数(Hz) $f_i \sim f_{i+1}$	中心周波数(Hz) f_{0i}	遮断周波数(Hz) $f_i \sim f_{i+1}$
1	0.71〜 1.4	0.8 1 1.25	0.71〜 0.9 0.9 〜 1.12 1.12〜 1.4
2	1.4 〜 2.8	1.6 2 2.5	1.4 〜 1.8 1.8 〜 2.24 2.24〜 2.8
4	2.8 〜 5.6	3.15 4 5	2.8 〜 3.55 3.55〜 4.5 4.5 〜 5.6
8	5.6 〜11.2	6.3 8 10	5.6 〜 7.1 7.1 〜 9 9 〜11.2
16	11.2 〜22.4	12.5 16 20	11.2 〜14 14 〜18 18 〜22.4
31.5	22.4 〜45	25 31.5 40	22.4 〜28 28 〜35.5 35.5 〜45
63	45 〜90	50 63 80	45 〜56 56 〜71 71 〜90

振動加速度レベルはバンドレベルと呼ばれ，それぞれ，オクターブバンドレベルと 1/3 オクターブバンドレベルと呼ばれる．さらに詳しく周波数成分を知りたいときには 1/6 とか 1/12 オクターブバンドを用いることもある．オーバオールレベルを算出するときは騒音の場合と同じく式 (2・10) を用いる．

（4） 振動の大きさのレベル

振動加速度レベルは振動の物理的大きさの尺度であって，振動加速度レベル 80 dB の振動に対する人の感じる振動の大きさは 40 dB の 2 倍ではない．振動の大きさとしては，たとえば，振動加速度レベルが 5 dB 変化したときに，どれだけ大きさの変化を感じるか，ということとなる．

以上から鉛直振動の場合に，中心周波数 4〜8 Hz の振動加速度レベル 100 dB の振動を感じて得られる振動の大きさを基準として 1 VG (vibration greatness) とし，これを振動の大きさのレベルとする．2 VG は 1 VG の振動に対して 2 倍の大きさに感じる振動とする．中心周波数 5 Hz の鉛直振動の場合に，振動加速度レベルの 65 dB は振動の大きさのレベル 0.1 VG であるが，2 倍の 0.2 VG の大きさのレベルに感じられる振動加速度レベルは 75 dB であり，振動加速度レベルが約 10 dB 大きくなると振動の大きさはほぼ 2 倍となる．

（5） 振動レベル

公害振動の物理的性質は，周波数バンドごとの振動加速度レベルで表すことができるが，これはあくまで物理量であって，騒音や超低周波音の場合と同じく，人体の感覚特性は加味されていない．それで，騒音や超低周波音と同じように，物理量に感覚補正値を加えて振動レベルとする．

振動には局所振動と全身振動とがあり，公害振動は全身振動の場合に問題となる．つまり，振動が人体のどこかに伝わると，人体の全身に分布している知覚神経の終末である振動受容器のどれかが感知して人は振動を感じる．このとき人体の振動感覚は，振動の方向，振幅，周波数，振動数，強さ，振動継続時間などによって異なる．それで，人体の振動感覚特性を知る必要がある．

振動感覚等感度曲線を求めるには，人体実験で，たとえば，中心周波数 20 Hz で振動加速度レベル 60 dB の振動を発生させて得られる感覚量を基準値 G とし，振動加速度レベルを 70 dB および 80 dB に変えて，その感覚量を 2G および 3G にする．これにより 20 Hz の振動加速度レベルの感度曲線が得られるが，次に 20 Hz の G と同じ感覚量が得られるほかのたとえば 40 Hz の振

動加速度を求める．つまり，すべての周波数の振動加速度レベルを 20 Hz の感覚量で表す．現在等感度曲線としては，国際標準化機構で決められたものが用いられており，これを図 4・2 に示す．

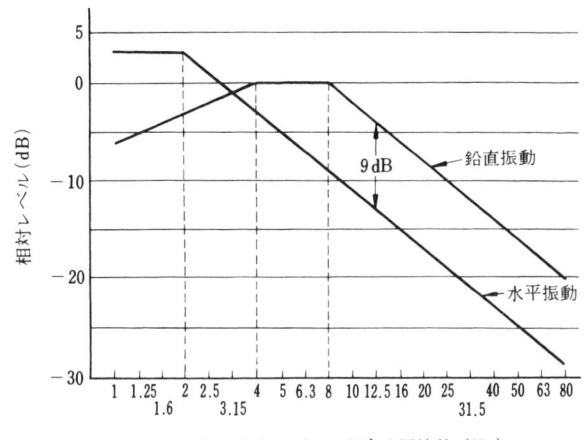

図 4・2 鉛直および水平振動の等感度曲線

図 4・2 によれば，鉛直振動の場合に，4〜8 Hz までは等感度であり，4 Hz 以下は周波数が半分になるごとに 3 dB ずつ，8 Hz 以上は周波数が 2 倍になると 6 dB ずつ感度が落ちることを示している．ここで 4 Hz の振動加速度レベルと，16 Hz の振動加速度レベルとを比べてみると，前者の相対レベルが 0 dB であるのに対して後者が −6 dB であり，前者を仮に 70 dB とすると後者は 64 dB のときに同じ大きさの振動として感じる．

水平振動の場合に，1〜2 Hz までは等感度であり，2 Hz 以上は周波数が 2 倍になると 6 dB ずつ感度が落ちることを示している．そして人体は鉛直振動と水平振動とどちらを敏感に感じるかといえば，1〜3.15 Hz まで水平振動に対する感度の方が良いが，3.15 Hz 以上では鉛直振動に対する感度の方が良く，8 Hz 以上では 9 dB もの差がでてくる．振動の方向は，わが国の振動規制法および計量法では，Z 軸を地面を基準とした鉛直方向とし，これに直角な方向を水平方向として X 軸，Y 軸として測定する．

以上から，周波数バンドごとの振動加速度レベルに，表 4・2 に示す鉛直または水平振動の振動感覚補正値を加えることによって振動レベルが求められる．そして各バンドごとの振動レベルを求めてから，式 (2・10) によりオーバオ

表4・2 鉛直および水平振動の感覚補正値

中心周波数 (Hz)	*1	1.25	1.6*	2	2.5*	3.15	4*	5	6.3	8*	10	12.5	16*	20	25	31.5*	40	50	63*	80
補正値 (dB) 鉛直振動	-6	-5	-4	-3	-2	-1	0	0	0	0	-2	-4	-6	-8	-10	-12	-14	-16	-18	-20
補正値 (dB) 水平振動	3	3	3	3	1	-1	-3	-5	-7	-9	-11	-13	-15	-17	-19	-21	-23	-25	-27	-29

* オクターブバンド中心周波数

ールレベルを求めて振動レベルを算出する．

4・3 公害振動の伝搬と減衰

振動源から放射される振動は幾何学的に拡散しながら伝搬していくが，次に示す各種の原因により減衰していく．

（1） 距離減衰

音波は空気中を伝搬していくが，振動は地盤を伝搬していくので，距離による減衰は振動波の種類や地盤の状態などによって異なり，単純には求められない．しかし，実用的には地盤は一様であると仮定して，振動源からの振動波の拡がりによるエネルギーの分散と，地盤の土や岩などの摩擦による減衰を考えて，次式を用いる．

$$L_r = L_0 - 8.7\lambda(r-\gamma_0) - 20\log\left(\frac{r}{\gamma_0}\right)^n \tag{4・5}$$

ここに，L_r：振動源から r m 離れた地点の振動レベル
L_0：振動源から γ_0 m 離れた地点の振動レベル
λ：地盤の内部減衰定数
r：振動源からの距離（単位：m）
γ_0：振動源に近い距離（単位：m）（1 m を基準とする）
n：定数（振動波の種類によって決まる）

λ は地盤の種類によって異なり，関東ロームや粘土やシルトなどの地盤が軟らかいほど大きく，0.01〜0.05 であるが，また周波数の高い振動ほど大きくなる．式（4・5）の第2項はこの地盤の摩擦による減衰を示している．そして，式（4・5）の第3項はエネルギーの分散による減衰を示しており，$n=1/2$ とした場合は 3 dB，$n=1$ とした場合は 6 dB，$n=2$ とした場合は 12 dB ずつ減

(2) 溝および遮断層による減衰

超低周波騒音と同じ理由で,振動の波長は長くなり,深い溝を造るわけにはいかないので,溝による減衰はあまり期待できない.遮断層は中に物を入れるので,さらに効果はない.

4・4 公害振動の測定計器と測定法

(1) 振動レベル計

振動レベル計は JIS C 1510 に規格が定められており,振動レベルを測定するほか,周波数分析器を接続し,周波数バンドごとの振動加速度レベルを測定して振動スペクトルを測定する.それで鉛直および水平振動に対する振動感覚補正回路を備えるように規定されている.振動感覚補正回路は電気信号の大きさに,周波数による重みをつけることにより,物理量に対する振動感覚の補正が行われる.振動加速度レベルを測定するには,平坦測定回路を用いる.

測定周波数範囲は $1 \sim 90\,Hz$ であり,単位は dB であるが,市販されている振動レベル計は $40 \sim 120\,dB$ のことが多い.

(2) 周波数分析器

周波数分析器は振動を構成する周波数成分ごとに,振動レベルまたは振動加速度を測定するときに用いられる.つまり $1 \sim 90\,Hz$ の周波数範囲において,オクターブバンドまたは 1/3 オクターブバンドごとに,振動レベルまたは振動加速度レベルを求める.

振動レベル計に周波数分析器を接続して行うので,振動レベル計の鉛直振動感覚補正回路を用いて分析すると,鉛直振動感覚補正の行われた分析結果が得られ,振動レベル計の水平振動感覚補正回路を用いて分析すると,水平振動感覚補正の行われた分析結果が得られ,振動レベル計の平坦特性回路を用いて分析すると,物理的なスペクトルつまり鉛直または水平振動加速度レベルスペクトルに等しい分析結果が得られる.

平坦特性回路を用いて,鉛直振動を 1/3 オクターブ分析した結果の各バンドレベルから,オーバオール振動加速度レベルを求めると,基本式 (2・10) より次式となる.

$$L_a = 10 \log \left(\sum_{i=0}^{20} 10^{L_i/10} \right) \qquad (4 \cdot 6)$$

ここに，L_a：オーバオール振動加速度レベル
　　　　L_i：1/3 オクターブバンドレベル（$i = 1 \sim 20$）

1/3 オクターブバンドごとの分析結果に，表 4・2 に示すそれぞれの補正値を加えて，各バンドごとの振動レベルを求めてから，オーバオール振動レベルを求めると，同じく基本式（2・10）より次式になる．

$$L_v = 10 \log \left(\sum_{i=0}^{20} 10^{(L_i + \alpha_i)/10} \right) \qquad (4 \cdot 7)$$

ここに，L_v：オーバオール振動レベル
　　　　α_i：1/3 オクターブバンド中心周波数ごとの補正値（表 4・2 参照）

（3） レベルレコーダ

振動計の測定結果や周波数分析の結果を，振動計や周波数分析器の指示計の指示値で読みとることが困難な場合とか，測定結果の記録が必要な場合に，騒音や超低周波音の場合と同じようにレベルレコーダが用いられる．JIS C 1512 に定められているレベルレコーダのうち，測定周波数が 1 ～ 90 Hz の振動レベル記録用レベルレコーダが使用される．

（4） データレコーダ

騒音や超低周波音の場合と同じようにデータレコーダが用いられる．超低周波音の場合と同じように，市販のテープレコーダでは 50 Hz 以下の振動は記録できないので，周波数変調記録方式を用いているデータレコーダでない限り 1 ～ 90 Hz の公害振動に対して用をなさない．

（5） 公害振動の測定と振動レベルの表示

振動レベル計を用いて振動レベルを測定して振動レベルを決定し表示するには，振動規制法により，次のように定められている．

1) 測定値の値が変動しないか，1 ～ 2 dB ぐらいの変動の少ない場合には，その目分量の平均測定値とする．
2) 測定値の値が周期的または間欠的に変動する場合には，その変動ごとの測定値の最大値をもってする．
3) 測定値の値が不規則かつ大幅に変動する場合には，5 秒間隔で 100 個または，これに準ずる間隔および個数にての測定値の 80 % レンジの上端の数値とする．

4・5 地域公害振動

4・2節(2)項で述べたように,人体が振動を全身振動として感じる最小の振動加速度レベルは,全身振動感覚閾値であって60 dBとされている.これに対して4・2節(5)項で述べたように,振動レベルでは,人々は55〜60 dBで振動を感じて個人差があり,一線を画することはできない.ただ,安全側をとって1人でも振動を感じる人があれば閾値としなければならないことから,振動レベルでは55 dBを振動感覚閾値として,特定施設を有する特定工場において発生する公害振動に関して,表4・3に示す規制基準が振動規制法により定められている.なお,特定施設については,環境省のホームページ (http://www.env.go.jp/kijun/index.html) を参照のこと.

なお,地震の強さは表4・4にて示す気象庁震度階級によって表されるが,震度階級は震度計を使っての計測震度から定められる.その説明については,人間,屋内の状況,屋外の状況,木造建物,ライフラインなど7項目にわたっているが,表4・4には人間の場合だけを示す.なお,震度階級からいえば,振動レベルの55 dB以下は階級0で,振動レベルの55〜65 dBは階級1で,振動レベルの65〜75 dBは階級2に相当し,大した揺れではない.

一方,乗物に乗ったとき,人々は乗物が振動していても苦情はいわない.乗物には70〜100 dB程度の振動レベルがあるものの,乗客は乗物が振動するものと考えているので,なんとも思わないのである.

表4・3 特定工場等において発生する公害振動の規制基準

時間の区分 区域の区分	昼　　　間 (午前5,6,7,8時〜 午後7,8,9,10時)	夜　　　間 (午後7,8,9,10時〜 翌午前5,6,7,8時)
第一種区域	60〜65 dB 以下	55〜60 dB 以下
第二種区域	65〜70 dB 以下	60〜65 dB 以下

(備考) 1) 第一種区域:良好な住居の環境を保全するため,とくに静穏の保持を必要とする区域および住居の用に供されているため,静穏の保持を必要とする区域.
2) 第二種区域:住居の用に併せて商業,工業等の用に供されている区域であって,その区域内の住居の生活環境を保全するため,振動の発生を防止する必要がある区域および主として工業等の用に供されている区域であって,その区域内の住民の生活環境を悪化させないため,著しい振動の発生を防止する必要がある区域.

表4・4 気象庁震度階級

計測震度の値	階級	説明（人間の場合）
0.5未満	0	人は揺れを感じない。
0.5以上1.5未満	1	屋内にいる人の一部がわずかな揺れを感じる。
1.5以上2.5未満	2	屋内にいる人の多くが，揺れを感じる。眠っている人の一部が目を覚ます。
2.5以上3.5未満	3	屋内にいる人のほとんどが揺れを感じる。
3.5以上4.5未満	4	かなりの恐怖感があり，一部の人は身の安全を図ろうとする。眠っている人のほとんどが目を覚ます。
4.5以上5.0未満	5弱	多くの人が身の安全を図ろうとする。一部の人は行動に支障を感じる。
5.0以上5.5未満	5強	非常な恐怖を感じる。多くの人が行動に支障を感じる。
5.5以上6.0未満	6弱	立っていることが困難になる。
6.0以上6.5未満	6強	立っていることができず，はわないと動くことができない。
6.5以上	7	揺れにほんろうされ，自分の意志で行動できない。

（備考） 1) 地表面における鉛直振動加速度のピーク値であって，cm/s^2 で示す。
2) 震度5（強震）と震度6（烈震）には強弱の2段階がある。

住居などでは，人々は少しでも振動を感じると睡眠が妨害される。それは振動を感じるのは60〜65 dB以上であり，浅い睡眠に影響の出始めるのは65 dBであるからである。公害振動としては4・2節で述べたように80 dB以上であり，しかも睡眠妨害以外の生理的影響のでるのは90 dB以上であることから，公害振動の生理的影響としては睡眠妨害のほかにはない。

このほか，公害振動の建物に対する影響として，建物の物的被害の生ずるのは85〜90 dB以上で，表4・4に示す震度4の地震以上であるが，公害振動としてはそこまでは至らない。ただ，70 dBを超えると，障子や襖の立て付けが狂うなどの被害が生ずる。

以上から都道府県知事は表4・3に示す基準の範囲内において，規制基準を設定することになっているが，学校とか病院とか図書館など特別に静穏を要する施設の約50 mの区域においては，さらに5 dB低い基準としてもよいこととなっている。また都道府県知事の定めた規制基準によっては，市町村長はその地域の住民の生活環境を保全することが十分でないと認めたときは，条例でさらに厳しい規制基準を定めてもよいこととなっている。

地域公害振動を防止する対策として次のようなものがある。
1) 振動発生の小さい機械を使用する。
2) 機械の加振力を低減し，ばね定数を大きくするように努める。
3) 機械の基礎を強固なものとしたり，広くしたりして，機械の加振力によっても基礎の振動が低減するように努める。

4) 機械と基礎との間にばねなどの防振装置を入れる．
5) 基礎から地盤に伝わった振動を距離減衰で低減を図る．なお，溝を掘っても効果は期待できない．
6) 振動の大きい方向を問題のある方向に向けない．
7) 振動源と問題点との間に建物などの大型重量物を設置する．

　特定の建設作業に伴って発生する公害振動についても，同じようにして都道府県知事は地域を指定し，特定建設作業の種類および時間によって，作業場所の敷地の境界線における鉛直振動レベルが 75 dB 以下になるように規制されている．

4・6　道路交通振動

　道路交通振動とは自動車の走行に起因して，地盤または建造物の振動することをいう．道路交通振動は道路周辺に心理的影響と物理的影響を与える．前者の方が後者に比べて小さな振動レベルでも大きな影響を与える．
　道路交通振動には次のようなものがある．
　（a）　**自動車に主因がある振動**　　自動車の整備不良で，タイヤバランスの不整およびガタなどの原因で路面に衝撃および振動荷重が与えられ，地盤に振動が発生する．このほか，自動車の走行によって発生する空気振動（風圧）によって建造物の建具などが振動することがあるが，これは感覚的に耳障りの程度で建造物に振動を与えることはほとんどなく，道路交通振動に含まれないことが多い．
　（b）　**道路構造に主因がある振動**　　自動車が走行するときに，路面に不陸部または段差があると，自動車荷重による衝撃荷重が発生して，それが地盤振動となる場合と，軟弱地盤上の盛土またはたわみ性の大きい橋梁では，剛性が不十分なために自動車の振動が地盤振動となって伝搬することがある．
　以上の発生原因によって起きた振動は，主として舗装や橋梁などの構造物および地盤を介して伝搬し，途中で増幅することもあれば減衰することもあり，その特性は構造物および地盤によって種類や性状は異なるが，だいたいにおいて距離減衰する．
　この道路交通振動においては，振動規制法により表 4・5 に示す要請限度が定められている．そして都道府県知事が指定した区域について，自動車交通に

表 4·5 道路交通振動の要請限度

時間の区分 区域の区分	昼　間	夜　間
第 一 種 区 域	65 dB	60 dB
第 二 種 区 域	70 dB	65 dB

よる振動が，その要請限度を超えて道路周辺の生活環境が著しく損なわれるような場合には，都道府県知事は，道路交通法の規定により交通規制を行うことを要請し，道路管理者に対しても道路交通振動防止のための舗装や維持修繕を要請することとなっている．

道路交通振動対策として次のようなものがある．
1) 路面の平坦性を良くして衝撃荷重を少なくする．
2) 路床や路盤や舗装などの剛性および重量を大きくする．
3) 環境施設帯や植樹帯を設けて距離減衰を図る．
4) 交通規制により交通量を減らす．

4·7 鉄道振動

鉄道を振動源とする公害振動を鉄道振動というが，鉄道振動に関して環境基準は設けられていないものの，振動レベルが 70 dB を超える地域の住宅や学校や病院などでは防振工事の助成が行われている．そして，鉄道騒音の音源対策のいくつかは振動減衰対策としても効果がある．なお，鉄道振動といえば従来新幹線鉄道に限られていたが，在来線についても同じことがいえる．

研 究 課 題

4·1 公害振動の距離減衰のほかの方策について，どんな方策が考えられるか検討せよ．
4·2 道路交通振動対策として新しい手法を考えよ．
4·3 鉄道振動は道路交通振動と比べての特異性は何か．

第5章 水質汚濁

5・1 水質汚濁の定義

　河川や湖沼や海域などの水域を公共用水域といい，日常の飲用に適する生活用水を供給する上水道用水と，工場に供給する工業用水および農業用の灌漑用水の水源として用いられるほか，魚介類の生育の場としても重要であり，かつまた各種のレクリエーションの場としても人々の利用に当てられている．

　この公共用水域は逆に工場などの産業排水のほか，人々の生活排水などが流れ込む場ともなっているが，自然の力は大きいもので，これら流入した汚染物質は自然浄化されてしまう．しかし，その公共水域の本来有する自然浄化能力にも限度があり，もし能力を超える汚染物質が流入すると水質が汚濁されてしまう．これを水質汚濁という．

　もし公共用水域の河川や湖沼で水質が汚濁されると，上水道の水質上の負荷が増大して，要求される水質に浄化することが困難となり，上水道の原水としては利用することができず，工業用水としても不適当となり，また農業用の灌漑用水として用いると，農作物の生育阻害だけではなく，食品汚染から健康被害の危険性がでてくる．そのうえ，公共用水域の海域が汚染されると，漁場に悪影響がでて魚介類のへい死などを招き，悪臭を発生するなど，生活環境も悪くなるばかりでなく，レクリエーションなどの場としても利用できなくなる．

　以上のような水質汚濁を防止するために，環境基本法に基づいて水質の環境基準が定められており，達成し維持することが望ましい基準として，はたまた公共用水域の水質汚濁の状況を判断する尺度となるとともに，水質の保全対策を実施する上での行政目標ともなっている．行政上は水質汚濁防止法によって工場などの排水規制が行われるとともに，下水道整備などの対策が行われる．

　なお，水質汚濁に係わる環境基準については，環境省のホームページ (http://www.env.go.jp/kijun/index.html) を参照のこと．

5・2　水質汚濁の表示単位

水質汚濁の表示は次のように示される．

（a）**水素イオン濃度（pH）**　　酸性，アルカリ性を pH で表す．

（b）**生物化学的酸素要求量（BOD）**　　河川の有機汚濁を測る代表的な指標である．水中の有機物が微生物の働きによって分解され，無機化ガス化するときに消費される酸素の量を，水の単位体積あたりの重量で表す．単位は mg/l が使われる．これは百分の一にあたるので，一般的に ppm（parts per million の略）で表す．有機物が多いほど高い値となる．

（c）**化学的酸素要求量（COD）**　　湖沼や海域の有機汚濁を測る代表的な指標である．水中の有機物を酸化剤で化学的に分解し酸化したときに消費される酸素の量を，水の単位体積あたりの重量で表す．単位は ppm が使われる．有機物が多いほど高い値となる．

（d）**汚濁負荷量**　　BOD や COD は上述のように単位体積あたりの水の消費酸素量として表されることから，水中の有機物の濃度の尺度として用いられるが，汚濁の総量を表すのではない．それで濃度に水量を乗じて有機物の量として表したものを汚濁負荷量といい，総量を表すときに用いる．

（e）**浮遊物質量（SS）**　　水中に存在している浮遊物の量を，水の単位体積あたりの質量で表す．単位は ppm が使われる．浮遊物質量（SS）の 1 ppm は濁度の 1 度に相当する．

（f）**溶存酸素量（DO）**　　水中に溶け込んでいる酸素の量を，水の単位体積あたりの重量で表す．単位は ppm が使われる．BOD や COD は数値が高いほど汚濁がひどいが，DO は逆に数値が低いほど汚濁がひどい．

（g）**大腸菌群数**　　100 ml あたりの個数を最確値（MPN）で表す．

（h）**ノルマルヘキサン抽出物質（油分等）**　　ノルマルヘキサンに抽出される可溶性物質は石油系油分が主である．水中に存在している抽出物質の量を，水の単位体積あたりの重量で表す．単位は ppm が使われる．

5・3　水質汚濁の測定計器と測定法

水試料の分析については古くから研究されていて，工場排水試験方法，工業用試験方法などの JIS 法，上水試験法，下水試験法などがある．水質汚濁に

関しては，産業排水の汚濁成分の測定および公共用水域の水質測定につき測定法が決められているが，その多くは工場排水試験法（JIS K 0102）に準拠している．

なお，水質汚濁に係わる規制項目とその測定法については，環境省のホームページ（http://www.env.go.jp/kijun/index.html）を参照のこと．

5・4　水質の環境基準

水質の環境基準は，大別して健康項目と生活環境項目とがある．健康項目とは人の健康の保護に関するもので，人の健康に被害を生ずるおそれのある物質とは，カドミウム，シアン，鉛，六価クロム，ヒ素，総水銀，アルキル水銀，ポリクロリネイテッドビフェニル（PCB）などがある．生活環境項目とは生活環境の保全に関するもので，生活環境に被害を生ずるおそれのある物質とは，水素イオン（pH），生物化学的酸素要求量（BOD），化学的酸素要求量（COD），溶存酸素量（DO），大腸菌群数，浮遊物質量（SS）（河川，湖沼），全窒素（湖沼），全リン（湖沼），ノルマルヘキサン抽出物質（海域）などがある．

健康項目は公共用水域の全体を対象に一律に定められているが，生活環境項目は，公共用水域の河川・湖沼・海域の別に，利用目的などに応じた基準値による水域類型を設けており，個別の水域について水域類型の中から一つの類型を選択することにより環境基準を定める．

以下，汚染物質ごとの環境基準について述べる．

(a)　**カドミウム**　自然界においては普通の飲料水や食物に含まれていて人間や動物に摂取されるが，消化器系統で吸収されて血中に入るものの，通常は尿とともに体外へ排泄される．しかし，吸収される量が多くなって人体の排泄能力を超えるようになると，排泄される量よりも吸収される量が多くなり，カドミウムは体内に蓄積され，いろいろな害を人体に与えるようになる．飲料水中のカドミウムの許容量はヨーロッパでは地質上からやむを得ず 0.05 ppm とされているが，わが国やアメリカやソ連などでは 0.01 ppm 以下としている．

(b)　**シアン**　シアン化合物では青酸カリをはじめとして人体に極めて有害な物質であり，100 倍程度の安全率を見込んでも飲料水としての許容限度は 2 ppm とされている．ヨーロッパでは 0.2 ppm，ロシアでは 0.1 ppm，アメリ

カでは 0.01 ppm としているが，わが国では 0 ppm，つまり，検出されないこととなっている．

（c） **有機リン**　　パラチオンなどの有機リン系の農薬は毒性が強い．農薬を使用すると，その有機リンが公共用水域に流出する危険性があり，毒性の強い農薬については規制されている．これらの水質汚濁の防止対策の結果，有機リンは環境基準項目から削除されている．

（d） **鉛**　　カドミウムと同じように鉛は人体に摂取されるものの，尿中に排泄されている．人体における摂取が 1 日あたり 0.3～1 mg が適切であるとされ，摂取量が 1 mg を超えると，排泄量よりも摂取量の方が多くなって体内に蓄積される．大量の鉛が人体内に入ると急性中毒を起して死亡することもあるが，それよりも少量の鉛が長期にわたって人体内に蓄積される慢性中毒の方がおそろしい．以上から，わが国では環境基準は 0.01 ppm 以下と決められている．

（e） **クロム（六価）**　　通称六価クロムといい，シアンなどと比較してみると毒性は少ないが，摂取する水の濃度が 0.1 ppm を超えると健康被害が生ずる．浄水するときに徐去することが困難であることから，飲料水の基準も公共水域での環境基準も同じように 0.05 ppm 以下と決められている．

（f） **ひ素**　　クロム（六価）とほぼ同じであるが，0.21～14 ppm 以上含有している飲料水を常用していると，慢性中毒の危険があるとされている．浄水するときに除去することが困難であることから，安全性から飲料水の環境基準も公共用水域の基準も同じように 0.01 ppm 以下と決められている．

（g） **総水銀**　　非汚染水域であっても，自然界では総水銀濃度は 0.0001 ppm 程度存在し，人体には影響がない．汚染されて総水銀濃度が上昇すると，魚介類が吸収して魚類中の水銀濃度が濃縮されて高くなり（生物濃縮という），その魚介類を人が食べることによって人体に吸収される．水俣病はこれによって発生したのであるが，症状としては，四肢末端のしびれ，運動失調，言語障害，難聴などがある．水中の総水銀濃度が 0.0005～0.001 ppm に保たれる場合には，魚介類の吸収する水銀の濃度に危険はない．以上から環境基準は 0.0005 ppm 以下と決められている．

（h） **アルキル水銀**　　分析精度と関連して定量限界値は 0.0005 ppm であることから，検出されないこととなっている．

（i） **ポリクロリネイテッドビフェニル（PCB）**　　多塩素化物質，すなわ

ちPCBは，沈殿したり拡散したりして水中と底質中を上下しながら魚介類に吸収されて，水銀と同じように生物濃縮される．水中におけるPCBは0.0003 ppm以下ならば人体に危険を及ぼさないとされているが，測定法による定量限界値は0.0005 ppmであることから，検出されないこととなっている．

(j) **水素イオン (pH)**　　上水道用水として，pHが8.5を超えると塩素殺菌力が低下し，6.5以下であると処理の凝集効果に悪影響を及ぼす．農業用水としても，pHが6.5～8.5の範囲以外であると，植物に栄養素が吸収されなくなって，生物学的生産力が低下するという被害がでる．河川や湖沼では，これらを考慮して環境基準が決められている．

(k) **生物化学的酸素要求量 (BOD)**　　河川の浄化作用とは，微生物を媒体とする有機物の酸化による無機化の作用であることから，河川の水質の指標として用いられる．BODが1 ppm以下の場合には人為的汚濁はなく，もっとも望ましい．BODが3 ppmを超えると，上水道用水としては不適当となる．また，河川の自然浄化機能はBODが4～5 ppm以下のときに限られるとされており，工業用水の水源や環境保全の臭気限界からはBODは10 ppm以下が適当とされている．以上から勘案して環境基準が決められている．

(l) **化学的酸素要求量 (COD)**　　湖沼や海域ではプランクトンの影響が大きいので，CODが指標として用いられる．CODが1 ppm以下の場合には人為的汚濁はなく，もっとも望ましい．CODが3 ppmを超えると，湖沼は上水道用水としては不適当となる．水浴にも適さなくなるし，特定の魚類を除いては生息しなくなる．湖沼の工業用水の水源や環境保全の臭気限界からはCODは8 ppm以下が適当とされている．以上から勘案して環境基準が決められている．

(m) **浮遊物質量 (SS)**　　河川の場合にSSは水産生物の生育条件を左右する．SSが25 ppm以下であれば正常な生育環境が維持することができ，50 ppm以下であれば魚類がへい死することはない．SSが400 ppm以上であると漁業はできない．湖沼の場合にSSは透明度と直接関係があり，清浄で人為的汚濁のない自然景観的な湖沼ではSSは1 ppm以下とされている．周囲に人家のある普通の湖沼でも5 ppm以下のことが多く，工場や住宅団地の多い汚濁の進んでいる湖沼でも15 ppmのことが多い．以上から勘案して環境基準が決められている．

(n) **溶存酸素量 (DO)**　　DOが7.5 ppm以上の場合には清浄で人為的

汚濁はなく，もっとも望ましい．水産生物の生育はDOが5 ppm以上必要とされ，5 ppm以下では農業用水としては不適当とされている．河川や湖沼の工業用水の水源や環境保全の臭気限界からはDOは2 ppm以上が適当とされている．以上から勘案して環境基準が決められている．

（o）**大腸菌群数**　上水道として，飲料水中には大腸菌群は検出されないことが義務づけられている．上水道の原水からは，塩素滅菌により死滅させ得る大腸菌群数の安全限界値は50 MPN/100 ml，通常の浄水操作を加えた場合の安全限界値は1000 MPN/100 ml，さらに高度の浄水操作を加えた場合の安全限界値は5000 MPN/100 mlとされている．また，レクリエーションの場としての水浴場の基準としては1000 MPN/100 ml以下が適当とされている．以上から勘案して環境基準が決められている．

（p）**ノルマルヘキサン抽出物質（油分等）**　海域において石油系油分が放棄されると油濁の被害が発生する．魚介類に油が付着して異臭を放つほか，水産物の発育に影響を及ぼし，油膜が海面に生じて海水浴ができなくなる．魚介類の着臭の限界は石油系油分の濃度が0.002〜0.1 ppmとされ，超低濃度でもその可能性がある．このような低濃度まで石油系油分を定量的に分離測定する方法がない．それで環境基準としては検出されないことになっている．

5・5　環境ホルモン（外因性内分泌攪乱化学物質）

ホルモンとは，生殖系だけではなく，生体のあらゆる機能に関わるものをいうが，環境ホルモンというときには主として生殖に関係するものをいうことが多い．環境ホルモンは，生物の体内に入ると，動物や人の天然のホルモンと構造が似ていることから同じような働きをする．動物や人間の甲状腺に作用して，内分泌作用を攪乱して内分泌に悪影響を与え，正常なホルモンのバランスを乱し，動物や人の生殖機能を低下させると指摘されている．ppt（1兆分の1）の単位の極めて微量でも影響し作用する．

（1）**環境ホルモンの種類**

ホルモン様作用を起こす環境ホルモンとして，約70の物質が疑われている．環境省は67の物質を「環境ホルモン様作用をもつと疑われる物質」として発表したが，そのうちの40の物質は農薬である．このほか，どんな人工の化学物質が環境ホルモンの疑いがあるのか，どんな分子構造のものが環境ホルモン

となるのか，環境中への残留状況もわかっていない．最近でも毎年1000〜2000種類もの新しい化学物質が登場しており，人類は過去において合計約1000万種類の化学物質を作ったが，そのうち市場に流通している身近なものだけでも8万種類もある．事前に安全性試験が行われたわけでもなく，毒性データのないものが80％にも及ぶという．

環境ホルモンとされる物質を，ホルモン様作用，環境残留性，生物濃縮性，毒性の強さの程度に応じて，下記のグループにわける．

（a） **PCB，DDT，ダイオキシン**　PCB，DDTは環境残留性と生物濃縮性が極めて高く，毒性もあることから製造禁止・使用禁止となっている．ダイオキシンは，それに加えてごくわずかな量でも毒性を示すことから，厳しい排出規制を受けている（第10章にて後述）．

（b） **ノニルフェノール（NP）**　合成洗剤の非イオン界面活性剤として使用されているノニルフェノールエトキシレートが分解して生成される．女性ホルモン様作用は女性ホルモンの1万〜10万分の1とされている．

（c） **ビスフェノールA（BPA）**　ポリカーボネイト樹脂やエポキシ樹脂などの原料に使われているプラスチック（樹脂）容器の原料となっている．女性ホルモン様作用は女性ホルモンの1万〜10万分の1とされている．

（d） **フタル酸エステル**　プラスチック（樹脂）の可塑剤として用いられる．

（e） **トリブチルスズ化合物（TBT）**　船の船底にフジツボなどが付着しないように，塗料として使用される．ホルモン様作用による生殖への影響の可能性が指摘されて，現在，わが国では使われていない．

（f） **農　薬**　ケルセンやマラチオン（別名マラソン）などいくつかの農薬はホルモン様作用の観点から懸念されている．

（g） **女性ホルモン，合成女性ホルモン**　女性ホルモンは人体内で生成されるものであり，合成女性ホルモンは経口避妊薬や更年期障害のホルモン補充療法剤として使用される．当然にホルモン作用は強い．下水処理場の排水に含まれる女性ホルモンによる環境への影響が懸念されている．

（h） **植物エストロゲン（エストラジオール）**　自然界に存在する女性ホルモン様作用をもつ物質で，大豆などにも含まれ，人は常に摂取している．

（2）環境ホルモンの作用

環境ホルモンの毒性は，試験管の中の生細胞や実験室の動物のほか，野生動

物で確認されているだけで，人については事故などの追跡調査で確認されている以外は，毒性があると断定できるだけの証拠は集まっていない．しかし，胎児，つまり次の世代の生殖能力や健康が失われることが心配されている．

（3） 環境ホルモンによる汚染

世界中でいろいろな野生動物の異常と思われる生殖異変が発生している．

（a） 貝　類　　トリブチルスズなどが原因で巻き貝に生殖器異常を起こすことが知られている．

（b） 魚　類　　イギリスでは，メス・オス同体のローチ（鯉科の魚）が見つかっている．このほか，世界中で魚について生殖器の異常が発生している．

（c） 爬虫類　　1980年代からアメリカのフロリダ州のウッドルプ湖に生息するミシシッピー・ワニの生殖能力の低下という異常現象が起きている．

（d） 鳥　類　　アメリカのカリフォルニア大学の研究室で，1975年に，カモメのオスにメスにしかないはずの卵巣を発見した．

これらの異常現象の原因は，河川や湖沼や海洋が環境ホルモンのもとになる有機塩素系化学物質で汚染されたのが原因であると疑われており，下水処理場から排出される化学物質または混合物のほか，廃棄物最終処分場からの排水のなかにも環境ホルモンのもとになる化学物質が含まれている疑いがある．

（4） 環境ホルモンの人体への摂取

環境ホルモンは人体内に入り，母から子へ遺伝し，子供は大人になってから判明することが多いという．

（a） 大気を通じる場合　　大気を通じて呼吸により直接人体に取り込まれる環境ホルモンとしては，ダイオキシン，PCB，各種農薬のほかに，自動車の排気ガスに含まれるベンツピレンがある．

（b） 水や土壌を通じる場合　　大気中の汚染物質はやがて降下して土壌に沈着するほか，工場の廃液や家庭の排水や，廃棄物最終埋立地からの浸出水にも環境ホルモンが含まれていることがあり，河川に流れる．

（c） 食べ物を通じる場合　　環境ホルモンは，河川や湖沼や海洋に放出されて水質を汚染し，食物連鎖で濃縮されて魚介類などを通じて人体内に入る．ダイオキシンについては90％以上を食物から摂取するとされている．

（d） ビスフェノールA　　ポリカーボネイト（PC）樹脂やエポキシ樹脂などの原料に使われているプラスチック原料である．ポリカーボネイト樹脂は，ソフトドリンク容器，哺乳瓶，給食用食器，電子レンジ用容器に用いられてい

て，容器からのビスフェノール A の溶出が指摘されている．エポキシ樹脂は缶詰の内壁のコーティングなどに使用されていて，缶詰の汁からビスフェノール A が検出されている．また，塩化ビニール製の，人形，乳児用の歯固め，ホースなどからもビスフェノール A が溶け出す例がある．

（e） **フタル酸エステル**　ポリ塩化ビニール類，人工皮，ホース，日用雑貨，ラップ，食品包装材などのプラスチック製品の可塑剤（柔軟剤）として用いられ，乳児が口に入れる塩ビ類にも用いられていて，心配されている．

（f） **スチレンダイマー（スチレン 2 量体）とスチレントリマー（スチレン 3 量体）**　発ガン性のあるとされる環境ホルモンで，カップ麺の容器として，90 ℃ の熱い食用油を入れた場合に，食用油に検出された例がある．

（g） **農薬類**　環境省の発表した 67 種類とされる環境ホルモンの 64 ％ が，除草剤，殺虫剤，殺菌剤などの農薬類のほか，殺ダニ剤やシロアリ退治の防虫剤である．これらは揮発性があって，散布するときに人が吸い込んだり，米や野菜や果物に残留している農薬類を摂取する可能性がある．

（5） 環境ホルモンの人体に対する影響

（a） **男性への影響（精子数の減少）**　大人は環境ホルモンの影響は少ないと思われるが，男性の精子数の減少が心配されている．

（b） **女性への影響**　ダイオキシンや PCB などの環境ホルモンは，母乳などに濃縮されて，女性の子宮内膜症（不妊症の主な原因）を起こすのではないかと疑われている．また，ビスフェノール A やノニルフェノールが乳ガンの増加などの原因になるのではないかの指摘がある．

（c） **胎児への影響**　胎盤には母親の血液中に含まれる有害物質を防ぐという機能があるが，環境ホルモンの中には胎盤を通過するものがある．母親のお腹の中の胎児の奇形のほか，生殖器ガンを引き起こす心配がある．

（d） **乳児，幼児への影響**　乳児，幼児の時期には，ホルモンの司令で脳が形成され，身体が作られるからであり，環境ホルモンは発育過程に母乳を通じて子供に影響がでるのではないかと考えられている．

（e） **免疫系への影響**　免疫とは身体を守る働きで，血液中の白血球が担当している．アレルギーや自己免疫疾患のような免疫異常が起きるのは，ダイオキシン，PCB，DDT などの環境ホルモンの影響であり，免疫力が低下して感染症やガンなどの病気にかかりやすいとされている．

（f） **神経系への影響**　PCB 汚染魚を食べていた母親から生まれた子供

には異常反応や神経障害が多いという報告があり，また，PCBの混入した油症事件では，被害者の生んだ子供は普通の子供に比べて知能指数が低く行動も緩慢で動作がぎこちなく無気力であるという．

5・6 産業排水の排水基準

公共用水域の水質汚濁を防止して環境基準を達成するには，水質汚濁防止法による排出規制が最も重要な対策である．水質汚濁防止法では，汚水を排水する施設（特定施設という）を設置する工場や事業場（特定事業場という）に対して排水基準が定められている．この排出基準については，環境省のホームページ（http://www.env.go.jp/kijun/index.html）を参照のこと．

この排出基準では，健康項目と生活環境項目の項目ごとに排水基準が一定の濃度などで示されていて，公共用水域に排水される特定事業場からの排水口にて基準に適合していなければならない．なお，全国一律に定めている一律排出基準と，これよりの厳しい上乗せ排出基準とがある．後者は都道府県がそれぞれ水域の状況に応じて定める．

水質汚濁防止法では，これらの排出基準を守らせるために，特定施設を設置するときの届出を義務づけ，都道府県知事による計画変更命令や改善命令に従うようにするとともに，違反したときには罰則がある．

以上から，わが国では排水量の少ない場合など特別の例外を除いて，工場や事業場では排水処理施設を設けて汚水を処理し，問題のない排水が行われている．

5・7 生活排水と下水道

(1) 生活用水と生活排水

わが国の上水道の1人1日あたりの年間平均使用水量は365 l で，夏のピーク時には480 l にも達する．365 l のうち52％の約200 l が家庭で使用される．家庭用というのは，飲料，料理，掃除，洗濯，水洗便所，風呂などに使われるが，そのうち，飲料としては2〜3 l，炊事に6 l，調理に6 l と大した値ではない．台所の後片付けで食器洗いに要する水量まで含めて台所では合計40 l に過ぎず，洗面手洗いの20 l を含めた生活最低必要量は半分の100 l にも達し

ない．使用水量の大部分は文化生活によるもので，電気洗濯機60 l，家庭風呂40 l，水洗便所26 lであり，これらは，わが国では広く普及しているうえに，大量の水を使用する自動皿洗機も普及しつつある．

以上の日常生活で使用された上水道による生活用水は，そのまま生活排水として排水される．生活排水は二つに大別され，一つは水洗便所から排出される屎尿（1.2～1.3 l/日/人）を含んだ汚水であり，もう一つは台所や風呂場などから排出される汚水である．後者を特に生活雑排水という．

わが国では，屎尿を含んだ汚水をそのまま流すことは禁じられており，下水道に流すか，浄化槽で浄化処理した後で側溝や水路などに流すか，または汲み取りによることになっていて，必ず何らかの形で浄化処理される．ところが，生活雑排水は浄化処理しないで側溝や水路に流しても差し支えないことになっていて，そのまま河川や湖沼や海域の公共用水域に流れてしまう．

下水道の完備している地域では，屎尿を含んだ汚水と生活雑排水の汚水とは一緒に下水道に流すことが義務づけられている．それで，側溝や水路などに流れ込むのは雨水だけであることから，浄化処理されない水が公共用水域に流れることはない．しかし，下水道の完備されていない地域では，生活雑排水は何ら浄化処理されないで公共用水域に流れる．

生活雑排水の汚濁負荷量は，1人1日あたり，BODで30～40 g（屎尿の負荷量は約18 g），CODで10～20 g，窒素で1～3 g，リンで0.3～0.9 gであり，しかも有機性汚濁物質の大半は台所排水による．なお，洗濯にリンを含む洗剤を使用すると，生活雑排水のリンが増えて汚濁負荷量は倍増する．それで生活雑排水の流入は公共用水域の汚濁の原因となっている．

（2） 汚濁負荷量

（a） 生活排水による汚濁負荷量 生活排水による汚濁の総量をいう．g/日の単位で表示される．これを求めるには人口1人あたりの1日に排出す

表5・1 生活排水の汚濁負荷量原単位 （g/人・日）

項 目	計画原単位		
	屎尿	雑用	計
BOD	13	61	74
COD	6.5	30.5	37
SS	10	57	67
全窒素	9	4	13

る汚濁の量，つまり汚濁負荷量原単位（g/人・日）に，夜間人口の人数を乗ずることにより求める（表5・1参照）．

（b）**産業排水による汚濁負荷量**　工場や事業場から排出される汚水は，水質汚濁防止法による排出規準により排出されるが，その汚濁の総量をいう．同じくg/日の単位で表示される．これを求めるには工業製品出荷額百万円あたりの1日に排出する汚濁の量，つまり汚濁負荷量原単位（g/百万円・日）に，百万円単位の工業製品出荷額を乗ずることにより求める．

（c）**営業排水による汚濁負荷量**　事業所や商店などから排水される汚濁の総量をいう．同じくg/日の単位で表示される．生活排水と内容は異ならないが，汚濁負荷量原単位は異なり，人口は昼間人口と夜間人口との差の人数を乗ずることにより求める．

（d）**家畜排水による汚濁負荷量**　家畜などから排出される汚濁の総量をいう．同じくg/日の単位で表示される．家畜1頭あたりの1日に排出される汚濁の量，つまり汚濁負荷量原単位（g/頭・日）に，家畜の頭数を乗ずることにより求める．

（e）**汚濁負荷量の算定**　（a）から（d）までの汚濁負荷量を合計したものが汚濁負荷量の総量となる．これから下水道に流入する汚水の水質を求めることができ，放流先の水質等に適合する処理計画を策定する．公共下水道または流域下水道からの放流水の水質の技術上の基準については，環境省のホームページ（http://www.env.go.jp/kijun/index.html）を参照のこと．

（3）下　水　道

下水道の起源は都市文明の発達とともにはじまり，BC7世紀のローマにおいても水洗便所の使用例がみられる．しかし近代的な下水道は18世紀になってからの産業革命による人口や産業の都市集中とコレラの大流行に伴ってロンドンやパリにおいて整備された．イギリスにおいては，河川汚濁を防止する目的で18世紀に早くも薬品沈殿がはじめられ，1913年には活性汚泥法が開発されている．

下水道は当初，都市の生活環境を快適なものにすることを目的として建設されたもので，下水道の建設が河川や湖沼などの公共用水域の水質汚濁防止を目的とするようになったのは比較的近年のことである（図5・1参照）．

わが国においては，屎尿が肥料として利用されていたこともあって，明治以降における各都市の下水道整備も，どちらかといえば雨水排除の目的が先行し

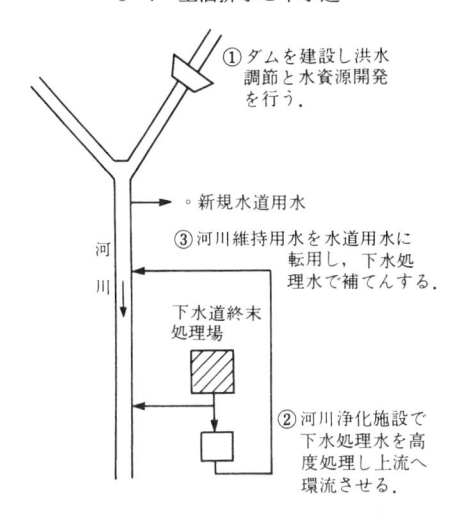

図5・1 水利用高度化に対する下水道の位置づけ

ており,本格的な下水処理場が完成したのは大正12(1923)年の東京都三河島処理場が最初のものである.その後,名古屋・大阪・京都・岐阜などにおいて下水道が整備され,昭和20年代には全国90の都市において下水道事業が行われた.しかし,都市人口に対する処理人口の割合は,昭和36年においても6.4%にとどまっていた.

昭和30年代に入って公共用水域の水質汚濁と都市の生活環境の悪化が問題となり,下水道整備の促進が緊急の課題となった結果,昭和33年と昭和45年の下水道法の改正,昭和42年の公害対策基本法,昭和45年の水質汚濁防止法などの法制の整備によって,下水道の環境対策としての水質保全に対する役割が明確化されることとなった.

下水道の役割は要約すれば,次のとおりとなる.
1) 雨水の排除による浸水防止.
2) 汚水排除による生活環境の改善.
3) 便所の水洗化による環境衛生の向上.
4) 排水処理による公共用水域の水質保全.
5) 下水処理を高度処理して中水道として水資源の高度利用を図る.

下水道は屎尿や生活雑排水のほかに,商店や工場や事業場などから排出される汚水をまとめて,処理したうえで公共用水域へ放流する施設である.公共用水域の水質を保全するだけではなく,都市内の蚊や蠅の発生を未然に防止した

表5・2 各国の下水道利用人口普及率（総人口に占める%），OECD資料より

国　　　名	年	普及率	国　　　名	年	普及率
カ　ナ　ダ	1995	78.0	ド　イ　ツ	1995	89.0
メ キ シ コ	1995	21.8	ハ ン ガ リ ー	1995	32.0
ア メ リ カ	1990	70.8	イ タ リ ア	1990	60.7
日　　　本	2000	62.0	ルクセンブルグ	1995	87.5
韓　　　国	1995	42.0	オ ラ ン ダ	1995	96.0
オーストリア	1995	74.7	ノ ル ウ ェ ー	1995	67.0
チ ェ コ	1995	56.0	ス イ ス	1995	94.0
デンマーク	1995	99.0	イ ギ リ ス	1995	86.0
フィンランド	1995	77.0	ポ ー ラ ン ド	1995	41.5
フ ラ ン ス	1995	77.0	ス ペ イ ン	1995	48.3

り，便所の水洗化により衛生的な生活を可能にするなど，都市施設として重要な施設である．しかし，わが国は普及率は表5・2に示すように欧米先進国に比較して遅れている．

　下水道は構造的にみて，分流式と呼ばれる雨水と汚水とを別々の管渠系統に排水する方法と，合流式と呼ばれる雨水と汚水とを同一の管渠系統にて排水する方式がある．分流式と合流式には一長一短があり，従来は両方が用いられていたが，公共用水域の水質保全上からは分流式が望ましいため，最近では原則として分流式が用いられる．

　下水道を事業区分により分類すると次のようになる．

　（a）　公共下水道　　主として市街地における下水を排除し，また処理するために地方公共団体が管理する下水道で，終末処理場を有するか，または流域下水道に接続し，かつ汚水を排除すべき排水施設の相当部分が暗渠である構造を有するもの．

　（b）　特定公共下水道　　主として工場や事業場での事業活動により，排出される汚水の排除と処理を目的とする下水道で，上記の公共下水道とは同じであるが，企業者が事業費の一部を負担するもの．

　（c）　特定環境保全公共下水道　　都市計画区域外の自然公園や農村や山村などにおいて整備される下水道で，自然環境保全を目的とする自然保護下水道と，農村などにおける生活環境の向上および水質汚濁防止を目的とする農村下水道とがある．一般に規模は小さい．

　（d）　流域下水道　　公共用水域の水質汚濁防止の効率化を目的として，流域内にある2以上の市町村の下水を集めて処理するための幹線管渠と，終末処

理場から構成される下水道で，とくに流域下水道に公共下水道を接続することによって流域全体の一体的な下水道整備を行うことが可能となり，効果的に水質汚濁防止を進めることができる．この流域下水道の建設と管理は都道府県が行うことになっている（図5・2参照）．

（e）**都市下水路** 主として市街地の雨水排除を目的とする開水路構造をもつ下水道で，流域面積がおおむね2 km²以下のものを都市河川と区別して，都市下水路として整備する．ただし，終末処理場がないために都市下水路への排水は，公共用水域への排水と同様に扱われる（図5・3参照）．

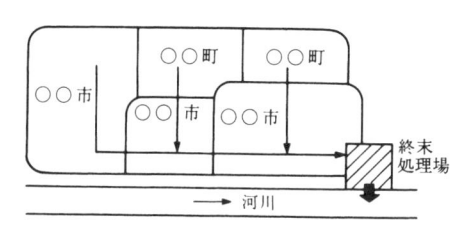

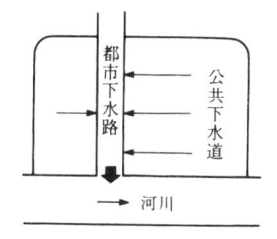

図5・2 流域下水道　　　　図5・3 公共下水道と都市下水路

（4） 下水処理場

下水処理場は排水による排出汚濁負荷量を公共用水域に排出が許容汚濁負荷量まで削減する役割をもつ施設である．このため，下水処理場の計画は流入水質を放流先の水域の水質環境基準に適合する水質にまで改善できるよう，効果的な位置および処理方式を選定しなければならない．

汚濁負荷量を消滅するための下水処理方式としては，①物理的処理，②物理化学的処理，③生物化学的処理の3種を組み合わせた処理が行われる．

①物理的処理は，スクリーンや沈砂地などによって大型固形物を沈殿または浮上分離する段階にて薬品を添加して凝集処理を行うことにより，②物理化学的処理が併用されている．③生物化学的処理はもっとも一般的に採用されている方式で，二次処理とも呼ばれ，散水濾床法や活性汚泥法があり，最近では処理能力などの点からほとんど活性汚泥法が採用されている．処理の効率化のために原則的には同一であるが，活性汚泥法を改良した処理方法が多数開発されて利用されている．それで，活性汚泥法の当初に開発された方式は標準活性汚泥法と呼ばれ，その改良方式として，モディファイド・エアレーション，ステップエアレーション，コンタクトスタビリゼーションなどがある．なお，

活性汚泥法による生物化学的酸素要求量（BOD）の除去率は85〜95％，浮遊物質量（SS）の除去率は80〜90％に達している．

（5） 合併処理浄化槽

下水道がまだ整備されていない地域では，それまでの対策として水洗便所のためには屎尿処理をする浄化槽が設けられる．これを単独屎尿浄化槽という．これに加えて生活雑排水を含めて処理するものを合併処理浄化槽といい，生活排水対策としては下水道と同じように極めて有効であり，小規模な下水道ともいえる．なお，屎尿や生活雑排水の処理施設として下水道が設けられるが，わが国では下水道の整備は人口の90％を目指しており，人口の過疎地帯では，合併処理浄化槽と，農業集落排水施設によることにしている．

（6） 自然循環方式水処理システム（四万十川方式）

わが国の自然の川岸もコンクリートで固められ，川本来の姿が失われつつある．この原因として，①食生活の変化に伴う生活排水の多様化による汚濁の増加，②産業活動による排水の流入，③人工林の適正な管理の不十分，④道路整備などの社会基盤整備による生態系の影響などがある．対策として，家庭などからの排水を河川に流す直前で処理を行うことを目的とした水路浄化施設が設けられる．これは水田の水浄化機能を参考にして，本来自然がもっている物質循環の自然浄化機能を活かした新しい水処理システムであって，化学薬品は環境を汚染する可能性のあることから，一切使用しないことに特徴がある．

木炭，枯木，石などの自然素材を加工して作った填充材を適切に組み合わせて，主として微生物による水質浄化を行うものである．生物化学的酸素要求量（BOD）と化学的酸素要求量（COD）を改善し，浮遊物質量（SS）を除去するとともに，通常の方式では除去困難な窒素やリンや合成有機化合物である陰イオン界面活性剤（LAS）も同時に削減できるものである．

高知県の四万十川（渡川）で初めて研究・実証されたことから，四万十川方式と呼ばれているが，茨城県や千葉県などの各地でも実施されている．

5・8 閉鎖性水域の水質保全と総量規制制度

瀬戸内海や東京湾や伊勢湾などは，外洋との水の交換性が悪くて汚濁物質が滞留しやすいということから閉鎖性水域と呼ぶ．しかも，これら広域的な水域であっても，後背地に京浜工業地帯や名古屋工業地帯や阪神工業地帯などの大

都市や大工業地帯をひかえていることから，大量の産業排水や生活排水などが流入することにより，水質汚濁が進行するという困った状況にある．原因としては次の三つがある．

1) 臨海県だけで規制しても効果はない．上流県を含めて，汚濁発生源を促え，統一的な規制などの対策が行えないことから効果がない．
2) 下水道の整備が全体として遅れていることから，生活排水などによる汚濁を十分に防ぐことができない．
3) 産業排水の排水規制は濃度規制であるために，特定施設が増えたり，稀釈して排水することにより，汚濁負荷量が増大していく．

以上から，総合的な汚濁負荷量削減対策として水質総量規制制度が行われるようになった．制度としては指定水域と呼ばれる閉鎖性水域が指定され，その水域に流れ込む流域の関係地域が指定地域として定められる．対象となる水質汚濁項目はすべてにわたるのではなく，海域における有機汚濁の代表的な指標であるCODが指定されている．

国としての総量削減基本方針により，発生源別の汚濁負荷量削減目標量と都道府県別の汚濁負荷量削減目標量と目標年度を定め，都道府県ごとに総量削減計画を樹てて，発生源別の削減目標量と削減の方法を定める．

産業排水については，総量規制基準が設定され，1日あたり排水量が $50\,m^3$ 以上の特定事業場ごとに，排水量に一定の濃度を乗じて得た汚濁負荷量の値を許容限度とする．この許容限度は1日あたりであるので，特定事業場では汚濁負荷量を測定して記録する．1日あたりの排水量が $50\,m^3$ 以下の小規模な事業場や，水質汚濁防止法で定められている特定施設でない未規制の業種や，養殖漁場などからの汚濁も，個々については量的に大したことはなくても，総量的にはその汚濁負荷量も相当なものとなる．それで，負荷量削減のために汚水の処理の方法などについて指導が行われる．

生活排水については下水道の整備によるほかない．それで総量規制の対象となる指定地域については，国として重点的に整備促進を計るほか，下水道の終末処理場や屎尿処理場にて，通常実施されている二次処理（活性汚泥法という微生物を利用した方法）のほかに，三次処理（たとえば凝集沈殿法という薬品を用いた沈殿処理の方法）まで行って，排水の水質向上を図る．

閉鎖性水域での水質汚濁の例として瀬戸内海の赤潮がある．赤潮の発生によって漁業被害があるばかりでなく，海浜は汚染されて海水浴はできなくなり，

海面に悪臭が漂うなどの被害が発生する．この赤潮の原因はリンや窒素などの栄養塩類が増えて水域が富栄養化することにあるとされている．それで，赤潮の発生を防ぐためには，原因であるリンや窒素を含む産業排水の処理および下水道の終末処理場での三次処理により，とくにリンや窒素の流入を削減する．

5・9 湖沼の環境保全

　河川は常に水が流れているので開放性であるのに対して，湖沼は水が貯留しているので閉鎖性であるという特徴があり，前述の広域的閉鎖性水域よりもさらに閉鎖性が強い．ただ，河川を通って海へ流れていくものの，その流れの速度は河川に比べて極めて遅い．それで，水の中に含まれる物質が沈降して堆積しやすいばかりでなく，空気中の酸素を水の中に溶かし込む働きも弱い．さらに，水中での有機物などの分解作用も嫌気的な分解（水が汚くなる状態）も起こりやすいという欠点が生じる．

　湖沼には河川などの流水中に含まれて，自然のリンや窒素などの栄養塩類が微量ながら流入するが，この他に，湖底に沈殿した湖底のヘドロなどから溶け出したり，生物の死がいが分解して，湖水中に溶け込んだりする．

　湖水中に溶けている栄養塩類は，太陽の光の届く湖面上層で太陽の光をエネルギーとする炭酸同化作用（光合成という，第11章にて後述）によって植物プランクトン（藻類など）の増殖に使われる．栄養塩類の量が多いと増殖の速度が速くなる．植物プランクトンは動物プランクトンや魚介類のエサとなるので，栄養塩が豊富になることは魚などが良く育つことになる．

　以上は，自然のままの状態では，徐々に富栄養化が進むのでバランスがとれているが，これに加えて栄養塩類を含む化合物その他の有機物などの溶けている人為的汚水が湖沼に流入すると，栄養塩類が短期間に大量に供給されることになり，植物プランクトンが必要以上に増殖する．

　動物プランクトンや魚介類のエサにならなかった不要の植物プランクトンは集積して湖水面に浮ぶ．これを"水の華"というが，緑色の場合を"アオコ"といい，赤褐色の場合を"淡水赤潮"という．アオコはミクロキスティスなどの植物プランクトンが中心であり，淡水赤潮はウログレナという植物プランクトンが中心で，単に植物プランクトンの種類が違うだけである．

　以上の植物プランクトンや魚介類の死がいやそのふんなどは，やがて湖水の

流れ速度の遅いことから沈降して堆積し，リンや窒素を含む有機汚泥として湖底にたまるほか，一部は水中で分解して栄養塩類に戻る．ヘドロとなった有機汚泥は，酸素欠乏などの水底の状態の変化によって再び水中に分解し溶けて栄養塩類に戻り，これら栄養塩類は湖沼内のわずかな流れや上層と下層の水の循環などによって太陽の光の届く湖面上層に運ばれる．一方，河川などから栄養塩類も絶えず供給されるので，一部は河川を通って海に流出するものの，多くは上述のような循環を繰り返すことによって栄養塩類は湖沼内に蓄積され，湖沼の富栄養化が進んでいく．

以上は瀬戸内海の赤潮も同様で，海域と湖沼の違いしかない．

湖沼の水質汚濁の原因も対策も広域的閉鎖性水域の場合と何ら変わらない．湖沼の方が閉鎖性が厳しい上に，上水道用水や農業用水への影響が大きい．これは，湖沼の植物プランクトンが上水道の原水中に含まれていると，上水道の水がかび臭くなったり生臭くなったりする．湖沼が富栄養化すると，窒素の濃度が高くなるので，農業用水として用いれば稲の生育に障害が生ずる．

なお，自然状態にある湖沼の水辺では，植物や土壌微生物が汚濁物質や栄養分を吸収し分解して湖沼の浄化を助けている．このように生態系は微妙なバランスを維持しているが，自然を破壊すると，水質汚濁の危険性がでてくる．それで，曝気による浄化作用を行って湖沼の自然浄化を助けるとよい．

研 究 課 題

5・1 生活排水の汚濁負荷量単位について説明せよ．
5・2 富栄養化現象とは何か．その原因と影響について述べよ．
5・3 種々の活性汚泥法について調べてみよ．
5・4 水質汚濁防止のための主たる法的規制について述べよ．
5・5 水質有害物質の発生原因について調べてみよ．

第6章 大気汚染

6・1 大気汚染の定義

わが国の経済の高度成長期に、工場や火力発電所やビルなどが多数増設されるとともに、石油や石炭などを多量に燃焼させた時代がある。この時期にこれら工場地帯では急速に大気汚染が進んだ。工場など固定発生源から排出されるガスによって大気が汚染される物質のうち、主なものとして、二酸化硫黄 (SO_2)、二酸化窒素 (NO_2)、一酸化炭素 (CO) および浮遊粒子状物質と酸性雨 (pH 5.6 以下) がある。

固定発生源に対して自動車を移動発生源というが、自動車が走行するときに排出するガスは、ガソリンエンジンとディーゼルエンジンによって差はあるものの、そのガスによって大気が汚染される物質のうち主なものとして、一酸化炭素 (CO)、鉛化合物、炭化水素 (HC)、窒素化合物 (NO_x)、および浮遊粒子状物質がある。

以上の汚染物質が大気中に増大することにより、人々がこれらを呼吸のたびに吸い込んで呼吸器系疾患を生ずる。これが京浜工業地帯で発生した川崎ぜん息であり、四日市工業地帯で発生した四日市ぜん息である。とくに四日市市では石油コンビナートから排出される煤煙の影響で、昭和36年ごろから住民の間にぜん息が多発している。

6・2 大気汚染の表示単位

大気汚染の表示は濃度で示され、一定体積の大気中に占める汚染物質の体積比または重量比で表される。汚染物質が気体のときには体積比が用いられ、一般的には ppm が使われる。測定値の桁数の大小によっては %、pphm (parts per hundred million)、ppb (parts per billion) が使われることもある。これらの単位を次に示すと、

$$10^{-6} = 10^{-4}\% = 1\,\text{ppm} = 10^2\,\text{pphm} = 10^3\,\text{ppb} \qquad (6・1)$$

汚染物質が浮遊粒子状物質や鉛のような粒子状の固体のときには重量比で表され，一般的には mg/m³ が使われる．このほか μg/m³ も使われることもある．これらの単位の関係を次に示すと，

$$10^{-3} \text{g/m}^3 = 1 \text{mg/m}^3 = 10^3 \text{μg/m}^3 \tag{6・2}$$

以上の体積比つまり容積単位の場合と，重量比つまり重量単位の両方が表示単位としてあり，ときには同じ物質を両方の表示単位で示されることがある．この換算には次式が用いられるが，表6・1に主な物質の換算表を示す．

$$\text{ppm} = \text{mg/m}^3 \times \frac{22.41}{\text{物質の分子量}} \tag{6・3}$$

$$\text{mg/m}^3 = \text{ppm} \times \frac{\text{物質の分子量}}{22.41} \tag{6・4}$$

表6・1 ppm と mg/m³（0℃，1気圧）の換算表

成分名	1 ppm の mg/m³ 値	1 mg/m³ の ppm 値
二酸化硫黄	2.86	0.350
一酸化窒素	1.34	0.747
二酸化窒素	2.05	0.487
塩化水素	1.63	0.614
塩素	3.17	0.316
シアン化水素	1.21	0.829
シアン	1.16	0.861
フッ素	0.848	1.18
一酸化炭素	1.52	0.800

6・3 大気汚染の測定計器と測定法

　大気汚染の対象物質別に，環境基準に定められている測定法およびJISに規定されている計測器があり，測定目的に応じて適当な方法を選定する．なお，環境省のホームページ（http://www.env.go.jp/kijun/index.html）を参照のこと．

　（a）一酸化炭素（CO）　CO濃度の標準的測定方法として，非分散型赤外分析計を用いる．これはCOがある波長の赤外線を吸収するという特徴を利用したものである．CO濃度の測定は連続測定が望ましく，他の測定も同じであるが，1時間を試料採取時間として1時間を単位として測定結果を整理する．

そして種々な時間帯についての CO 濃度の平均値を算出することができる．

（b）**窒素酸化物（NO_x）**　窒素酸化物は一酸化窒素（NO）や二酸化窒素などいくつかの種類があるが，大気汚染物質としては NO と NO_2 とだけで NO_x と総称される．測定法とし用いられるザルツマン法は，吸収発色液（ザルツマン試薬）が大気中の NO_2 を亜硝酸イオンとして捕捉し，アゾ色素を生成させて桃赤色に発色するという特徴を利用し，その発色液の吸光度つまりアゾ色素の生成量を測定することにより NO_2 の濃度を算定する方法である．吸光光度法とも呼ばれる．NO は酸化させて NO_2 として測定する．また，測定法として用いられる化学発光法は，NO がオゾンと接触するときに，化学発光するという特徴を利用して，この発光強度を測定することにより NO を算定する方法である．NO_2 は還元コンバータを用いて NO に還元してから測定する．

（c）**浮遊粒子状物質**　粒径が 10 ミクロン（μm）以下の粒子状物質をいい，わが国では濾紙捕集による重量濃度測定器を用いることが多い．つまり，10 μm 以下の粒子を一定の流速で，濾紙上に吸引して測定した重量濃度をもって決める．これを基準として，他の光散乱法による測定器やテープエアサンプラを校正する．CO 濃度と同じように連続測定が望ましい．

（d）**二酸化硫黄（SO_2）**　硫黄酸化物（SO_x）の主なものには二酸化硫黄（SO_2）と三酸化硫黄（SO_3）であるが，SO_2 が代表して測定される．SO_2 の測定は溶液導電率法で行われるが，二酸化鉛法によることもある．試料空気の採取は人の呼吸する面の高さで行わなければならないことから，地上 1.5 ～ 10 m の高さで採取される．CO 濃度と同じように連続測定することが望ましい．

（e）**光化学オキシダント**　オキシダントとは，中性ヨウ化カリウム溶液からヨウ素を遊離する酸化性物質の総称であるから，この反応を利用して光化学オキシダントを測定する．つまり，中性ヨウ化カリウム溶液を用いる吸光光度法または電量法により光化学オキシダントを測定する．CO 濃度と同じように連続測定することが望ましい．

（f）**オゾン（O_3）**　光化学オキシダントの大部分は O_3 であり，O_3 を直接測定することが望ましい．O_3 の測定方法としては，エチレンとの反応を利用した化学発光法がある．

（g）**炭化水素（HC）**　HC の測定は水素炎イオン化検出法によるが，こ

れは HC 水素炎中で燃焼するときに生ずるイオンによる微小電流を測定するものである．なお，HC のうち，非メタン系炭化水素が光化学オキシダントの生成に関係あることから，非メタン系炭化水素だけ測定される．

（h）鉛　大気中の鉛およびその化合物を測定する方法としては，原子吸光分析法が主として用いられる．大気中に拡散した地域大気汚染を把握する必要上から，その地域全体の平均的な鉛による大気汚染の状態を呈しているような場所を選び，試料採取は地上 3～10 m の高さで行う．なお，大気中の鉛は，浮遊粒子状物質と同じように微細な粒子状の形態で浮遊しているので，浮遊粒子状物質の採取と同じように濾過捕集方式の試料採取装置を用いる．採取時間は大気中の鉛の 24 時間内変動を考えて，連続 24 時間採取するものとし，採取回数は月 2 回以上が望ましい．

6・4　大気汚染の環境基準

大気汚染物質は人の健康に影響を及ぼすものであり，環境基本法に基づいて維持されることが望ましい環境基準が定められている．環境省のホームページ（http://www.env.go.jp/kijun/index.html）を参照のこと．

この基準は行政目標であるといっても，適当に決められてもよいというものではなく，大気汚染と人の健康への影響についての科学的判断を基礎として定められなくてはならないし，また望ましい基準とする以上は，人間の健康の維持のための最低限度，たとえばこの濃度を超えると健康に悪影響が生ずるという濃度では不十分であって，より積極的に国民の健康を適切に保護できるという水準で定められなければならない．

以上のような観点から環境基準は科学的根拠に基づいて，国民の健康を適切に保護するために十分に安全を見込んで設定されているものの，この基準を超えたからといって，直ちに健康に悪い影響が現れるものでもない．また，環境基準は長期的な目標であるとともに，総合的な公害対策を行う目標でもあることから，行政上は大気汚染防止法によって工場や自動車などの排出規制が行われるとともに，都市計画上の規制配慮が行われる．

地域の環境濃度が人の健康を守るうえで望ましい状態にあるかどうか，または対策を講ずる必要があるかどうかを判断するために環境基準と照合するのであるが，これがために工場などからの汚染物質の排出の状況を監視するほかに，

写真 6・1 街頭における大気汚染濃度の表示

各地域の環境濃度を常時測定する必要がある．この目的で設置されているものを地域環境濃度測定局と呼び，主として自動車による汚染の実態を捉えるために，幹線道路沿いに設置されているものを自動車排出ガス測定局と呼び，その他地域全体にわたって環境濃度を測定するものを一般環境大気測定局と呼んでいる．

各測定局では年間休むことなく，自動測定機が1時間単位に環境濃度を測定して記録する．これを1時間値といい，1日分を平均した値を1日平均値といい，1年分を平均した値を年平均値という．1年間365個の1日平均値のうち，高いほうから数えて8番目の数値を年間98％値といい，年平均値の約2倍になることが多い．二酸化窒素の環境基準は，この年間98％値で判断する．

なお，自動車排出ガス測定局で大気汚染度を評価する方法として用いられるのは，沿道地域を代表する地点の地表付近で，大気の安定度，風向，風速などの気象条件および交通条件から，とくに異常な気象の日は除いて，年間のうち大気に含まれる自動車の排出ガスの濃度が高くなりやすい日について，汚染物質ごとに時間帯を決めて濃度を測定し，その平均値で評価することにしている．

以下，汚染物質ごとの環境基準について述べる．

（a） **一酸化炭素（CO）**　CO汚染の源は工場などの固定発生源のほかに自動車の移動発生源があり，とくにモータリゼーションの進展とともにCO汚染が進んでいる．COは無色で無臭で無刺戟性でありながら，人の体内に入って血液中に吸収されると酸素を運搬するヘモグロビン（Hb）と結合しやすく，一酸化炭素ヘモグロビン（CO-Hb）を形成する．これによって血液中の酸素

6・4 大気汚染の環境基準

運搬機能が阻害されて，酸素の欠乏が生ずる．

COの濃度が高くなると，人はCOを吸って酸素欠乏から頭痛やめまいなどの中毒症状を起こす．それで大気中のCO汚染から体内に吸収されたCOをすみやかに体外に排除するためには，大気中のCOは可及的に低濃度でなくてはならない．たとえば1時間値の平均CO濃度20 ppmの空気を8時間の間呼吸してCO-Hpが増えた人が，元の値まで回復するためには，1時間値が5 ppm程度以下のところに少なくとも8時間以上いることが必要となる．この状態を1時間値の1日平均値に換算すると10 ppm程度となる．これがCOの環境基準である．

(b) 窒素酸化物（NO_x） 窒素（N_2）は空気中に含まれているものの，第11章で後述するように，バクテリアなどの生物活動によって土壌中に固定される．これが植物栄養となって植物に吸収され，枝や葉に存在する．この葉などを動物が食べて動物にも窒素が吸収される．これら動物の遺体や植物の炭化物が石油や石炭やガスなどとなり，現在燃料として用いられている．このように，N_2は空気中だけではなく燃料にも含まれているところから，物が燃えるときにはN_2が酸素（O_2）と結合してNOが発生し，大気中に排出されたときは大部分がNOであるものの，大気中でNO_2に変わる．それでNO_2は，工場や事業場，火力発電所，自動車などから発生するだけではなく，ビルや家庭の暖房をはじめ，厨房のガスレンジや湯沸器などからも発生し，タバコの煙の中にも多量のNO_2が含まれている．このNO_2の人体に対する影響は，世界保健機関（WHO）の実験では，0.5 ppmを超えると好ましくない影響があるとされ，アメリカでの調査では1日平均0.15 ppm以上の地域では子供がかぜをひきやすいとされている．嗅いを感知するのは0.12 ppm以上であるが，NO_2を吸うと鼻やのどに刺戟を与えるだけではなく，呼吸器系統へ慢性的に作用し，気管支や肺機能への障害影響がある．また光化学オキシダントの生成にも関与している．

以上から，わが国では環境基準として1時間値の1日平均値が$0.04 \sim 0.06$ ppm，またはそれ以下であることと規定されている．

(c) 浮遊粒子状物質 浮遊粉塵のうち，粒径が1 μm以下の物の燃焼や電気炉などの使用に伴って発生するススや微粒粉などを浮遊粒子状物質という．工場などの固定発生源や自動車の移動発生源としてのディーゼル黒煙のほかに，風による土壌物質の舞い上りといった自然現象もあり，積雪寒冷地方における

タイヤチェーンによる道路舗装の磨耗粉塵もある．この浮遊粒子状物質は，視程障害や家屋・衣類などの汚染などの被害のほか，物質によっては発ガンや粘膜疾患などの被害もある．これは $10\,\mu\mathrm{m}$ 以下の粒子状物質は体内へ鼻腔や咽喉頭で捕捉されることはなく，気道や肺胞の呼吸器に沈着するからである．浮遊粒子状物質の濃度とその地域に発生する疾患との実績から，環境基準として1時間値の1日平均値が $0.1\,\mathrm{mg/m^3}$ 以下で，かつ，1時間値が $0.2\,\mathrm{mg/m^3}$ 以下であることと規定されている．

（d） **二酸化硫黄（SO_2）**　SO_2 は亜硫酸ガスとも呼ばれ，無色であるものの刺戟性が強く，人が吸うと気管支炎やぜん息などの障害を与え，大気汚染の代表的なものとされている．大気中の SO_2 の大部分は固定発生源である工場等から排出されるが，自動車のうちディーゼル車からも若干排出される．SO_2 が人の健康に与える影響を調査した結果から，環境基準として1時間値の1日平均値が $0.04\,\mathrm{ppm}$ 以下であり，かつ，1時間値が $0.1\,\mathrm{ppm}$ 以下であることと規定されている．

（e） **光化学オキシダント**　NO_x と HC が強い日光の紫外線を受けた場合に，光化学反応が発生して，大気中に光化学オキシダント（オゾン O_3 やパーオキシアシルナイトレートやその他の光化学反応により，生成される酸化性物質の総称で，大部分は O_3 である）などの二次汚染物質が生ずることがある．これを光化学大気汚染といい，光化学スモッグと呼ばれる．気象条件によって大きく左右される．光化学オキシダントの影響については NO_x の影響に似ており，目やのどや鼻に刺戟を与えるほか，呼吸器疾患などの臓器へも影響を与え，ゴムのひび割れや衣類の褪色や農作物の被害なども発生する．

　光化学オキシダントが人の健康に与える影響を調査した結果から，環境基準として1時間値が $0.06\,\mathrm{ppm}$ 以下であることと規定されている．なお，光化学オキシダント濃度が1時間値で $0.12\,\mathrm{ppm}$ 以上となって，その状態が継続すると推定される場合に，光化学オキシダント注意報（光化学スモック注意報）が発令される．その発令は東京湾地域や大阪湾地域の工業地帯を中心とする地域に集中している．

（f） **炭化水素（HC）**　一般大気中の濃度では人体には影響はないが，高濃度のときには麻酔作用がある．非メタン系炭化水素が光化学オキシダントの生成に関係があるだけなので，大気汚染の環境基準としては，現在規定されていない．

（g）鉛 第5章で前述したように，鉛化合物は微量ながら食物および飲料水に含まれていて，消化器を経て人体に吸収される．大気中にも鉛は無機化合物として存在し，人の呼吸することによって呼吸器を経て人体に吸収される．

このように二つの経路によって人体に吸収されるが，取り込みの局所における影響はほとんどなく，体内に蓄積される量が問題である．大気中の鉛の健康影響を考える場合に，人体の鉛摂取における空気からの割合を知る必要があるが，鉛の人体負荷からの調査では，大気中の現状の鉛濃度では健康に悪影響はない．ただ，鉛を排出する工場周辺とか，交通頻繁な交差点付近では，高濃度の鉛濃度の発生する危険があり，もし人体に吸収される量が多量になると，蓄積されて消化器系障害や脳障害などの中毒症状を起こす危険性がある．

最近では工場などでの排出規制や自動車の無鉛ガソリンの使用などから，大気汚染としての環境基準は，現在規定されていない．

（h）酸性雨 第12章にて後述する．

（i）シックハウス症候群 屋内の化学物質に汚染された空気を吸うことで，目や鼻などへの刺激や頭痛などの症状のでることをシックハウス症候群という．主要な原因物質は化学物質のホルムアルデヒドとされている．厚生労働省では，職場の屋内空気中濃度のガイドライン（指針）を策定した．ただし，努力目標であるに過ぎない．

一般の事業所で $0.08\,\mathrm{ppm}$ 以下としているが，これはすべての化学物質の屋内濃度指針値と同じであり，この濃度以下であれば化学物質に敏感な人でも反応はでない．合板メーカーや病院の病理部門などのホルムアルデヒドを職場で使用する特定作業所で $0.25\,\mathrm{ppm}$ 以下としているが，これは，8時間以内で，週5日ならば，影響がないとされている．

屋内濃度の測定方法は規定されており，指針の濃度が超えた場合には，事業主は，建材や合板の交換のほか，換気装置の設置を図らねばならない．

6・5　汚染物質の排出規制

工場や事業場や自動車などから汚染物質が排出されるので，これらの発生源からの排出を規制するために，大気汚染防止法および道路運送車両法で排出規制の基準が定められている．

工場や事業場などのボイラーをはじめとする煤煙発生施設に対しては，煙突

などの排出口での濃度または排出量を，汚染物質や規模などに応じて，それぞれの施設ごとに規制基準を定めている．それで発生源としては，燃料の低硫黄化，重油の脱硫，排煙脱硫などの対策を講ずることにより排出基準以下になるようにしているが，それでも地域全体としては汚染が広がることがあり，このような場合には，上乗せ排出規制とか工場からの総排出量を基準値以下にするという総量規制を汚染物質ごとに行う．

以上の排出基準が順守されているかどうかを常に監視する必要があり，工場などへの立入検査が行われるほか，都道府県や市町村によっては，企業と話し合って相互の了解のもとに，工場などからの排出濃度や排出量を一定量以下にするという協定を結ぶことがある．これを公害防止協定という．

以下工場や事業場などの主な汚染物質ごとの排出規制について述べる．

（ａ）**窒素酸化物（NO_x）**　大気中に排出するときはほとんどが NO であるが，大気中で NO_2 に変化することから，総計した NO_x の排出口における濃度の許容限度でもって排出基準を決めている．現行の排出規制の基準値は施設の種類ごとに決められているが，濃度規制であるので，空気によって排出ガスを希釈して基準値に適合させるようにする抜け道がある．これを防ぐために，次式により換算後濃度を算定し，これが基準値以下であることを定めている．

$$C = \frac{21 - O_N}{21 - O_S} C_S \tag{6・5}$$

ここに，C：NO_x の換算後濃度（単位：ppm）
　　　　O_N：標準的な残存酸素濃度（ガス導焼ボイラーは 5 ％ など）
　　　　O_S：実施された残存酸素濃度
　　　　C_S：NO_x の実測濃度（単位：ppm，JIS K 0104 による測定）

（ｂ）**煤塵（ばいじん）**　煤煙発生施設において発生し，排出口から大気中に排出される排出物に含まれる煤塵の量は，施設の種類および規模ごとに許容限度が決められている．排出規制の基準値は濃度規制であって，標準状態に換算した排出ガス $1 m^3$ 中に含まれる煤塵の量をもって決められている．なお，排出基準には全国一律に適用される一般排出基準と，汚染の著しい地域について地域を限って新増設される施設に適用される特別排出基準とがある．

（ｃ）**硫黄酸化物（SO_x）**　工場などの各施設から排出される SO_x が寄与する最大着地濃度を一定以下に抑えるという考え方に基づいて，排出口の高さに応じて SO_x の排出量の許容限度を定める規制方式を用いる．

$$q = K \times 10^{-3} \times H_e^2 \qquad (6 \cdot 6)$$

ここに，q：SO_x の排出許容量（単位：Nm^3/h）

　　　　K：地域ごとに決められる定数

　　　　H_e：有効煙突高（単位：m）

以上は濃度規制であって，K 値規制ともいうが，このほかに札幌や東京や大阪などの都市で，冬期のビル暖房などの中小煙源が季節的な汚染の重要な原因となっている地域については，その都市の中心部に限って燃料使用基準が設けられている．

（d）**カドミウム**　　カドミウムの人体への影響は，腎臓障害，呼吸器障害，神経系への作用などがあり，環境濃度 $0.88\ \mu g/m^3$ を超えると影響があるとされていることから，これをクリアするには，拡散希釈を考えて，$1.4 \sim 3.5\ mg/m^3$ 以下を必要とする．安全側にみて，わが国では $1\ mg/m^3$ 以下と定められている．

（e）**鉛**　　鉛については職業病としての健康被害の方が大きい．大気中から人体が鉛を摂取して排泄する生理作用からみて，吸入空気中の鉛量が残留して蓄積しないとみなされる大気の環境濃度は $10\ \mu g/m^3$ とされている．これを保つための排出値としては，拡散希釈を考えて $10 \sim 40\ mg/m^3$ 以下となる．施設ごとに排出基準値は，これを基にして大部分が $10\ mg/m^3$ と定められている．

（f）**塩素**　　環境濃度としては $0.03\ ppm$ 以下の場合に臭気として感じない．非常に敏感な人でも $0.01\ ppm$ 以下ならば感じない．1000 倍に拡散希釈するとして，排出口では $10 \sim 30\ ppm$ の濃度となる．下限を採って排出規準値としては $10\ ppm$（$30\ mg/m^3$）と定められている．

6・6　大気の総量規制

工場や事業場の集中している地域では，排出規制だけでは環境基準の確保が難しいので，気象や発生源の状況などの地域特性を考慮して，汚染の予測を行い，その地域の汚染物質の排出許容総量を決めようというものである．総量としては，自然の環境サイクルの過程において，自然が汚染物資を浄化する能力（自浄作用）によって，汚染物質が完全に分解され無害化される汚染負荷量の限度を用いるのが理想的であるが，これを科学的に解明することは難しい．

それで，次善の策として，環境基準を守るために許容される汚染物質の排出総量をもってすることとしている．

具体的には政令で定める汚染物資ごとに政令で指定する地域について，都道府県知事が，その地域における事業活動や人の活動によって排出される汚染物質の総量を，環境基準に照らして算定される総量にまで削限するよう総量削減計画を作成し，これに基づいて工場や事業場などにおける総量規制規準や燃料使用基準を定める．排出規制は各個別の施設ごとに規制されるが，総量規制は工場や事業場全体として規制されることから，大気汚染を防ぐことができるばかりでなく，排出する側としても，各施設相互間で自由度をもった合理的なものとなる．

SO_x の場合に，K 値規制だけでは不十分なことから，早くから総量規制の対象として取り上げられ，軌道に乗っている．

6・7　自動車排出ガスに関する排出基準

工場や事業場などの排出規制を行っても，自動車から排出される汚染物質を放置していてはなんにもならない．環境基本法に基づいて，環境基準が定められている大気汚染物質が環境基準に満たないような場合に，自動車からの排出量を必要なだけ低減できるように排出規準を定めている．規制の対象となる物質は，CO，HC，NO_x，ディーゼル黒煙となっている．なお，この規制は新車に限ることから，それ以前の古い使用過程車については，一部の規制が野放しで，これら古い自動車がなくなってクリーンな新車への更新が完了するまでは，規制の本当の効果は出てこない．

以下，汚染物質ごとの排出基準について述べる．詳細は環境省のホームページ（http://www.env.go.jp/kijun/index.html）を参照のこと．

（a）　**一酸化炭素（CO）**　COについては，旧・公害対策基本法（現・環境基本法）による環境基準が設定される以前に，わが国で世界で最初に自動車排ガス規制として定められている．それで，わが国の大気中のCO濃度はすべて環境基準を満たしている．

（b）　**炭化水素（HC）**　HCは光化学反応によりオキシダント発生の原因となることから，HCの排出防止装置の取付義務によって規制されている．

（c）　**窒素酸化物（NO_x）**　全国的には大気汚染の NO_x の約40％は自動

車からの排出であり，東京では約 80 % にも達する．それで，わが国の NO_x に関する自動車の排出基準は世界一厳しい規制が設定されている．

（d）**ディーゼル黒煙**　ディーゼル車から排出された黒煙を定められた濾紙に，一定量の排気を通過させて粒子状物質を捕集し，その粒子物質を光学的に測定して汚染度を決める．試料が光を完全に吸収する状態を汚染度 100 % とし，完全に反射する場合を 0 % として，汚染度 50 % 以下と定められている．

（e）**鉛化合物**（なまり）　従来は四エチル鉛などのアルキル鉛をガソリンの添加剤として用いることにより，ガソリンのオクタン価を向上させ，燃料消費量を低減させることに役立ってきた．しかし，大気中の鉛化合物が増えて大気汚染の原因となることから，昭和 50（1975）年以降は，原則として鉛添加が禁止されている．

6・8　大気汚染物質による水質劣化

硝酸，窒素酸化物，アンモニアなど，窒素を含む無機化合物の総称を無機態窒素という．気体の窒素は湖沼や河川などでは硝酸化合物を中心にした無機態窒素となって水に溶けるために，無機態窒素濃度の測定が湖沼や河川などでの窒素のバロメーターとなる．窒素は，リンやカリウムとともに植物の肥料となる必須栄養素の一つであり，無機態窒素が多い水は，植物プランクトン，カビ，アオコの繁殖を招き，カビ臭などを伴う水の原因となる．

首都圏の水源地帯である利根川の上流地域で，アオコの原因となる無機態窒素の濃度が高まっている．人為的な汚濁原因が少ないはずの谷川岳などの最源流部ですら，BOD 値には異常はないが，無機態窒素の濃度が高くなっている．これは首都圏中心部などで排出された大気汚染物質が風に流されて，水源地帯で降雨や降雪により水に溶けることから水質劣化が起きるとされている．

研　究　課　題

6・1　わが国の自動車の排出ガス規制は，世界一厳しいといわれているが，それでも大気汚染が続くのはなぜか．
6・2　大気汚染物質の中で，いちばん健康に害を与えると思われるのは何か．
6・3　自分の住居の近くで大気汚染があるとすれば，何が原因か調べてみよ．

第7章　地盤沈下

7・1　地盤沈下の定義

　地盤沈下とは地表面の沈下現象をいい，原因は大別して，自然現象によるものと，人為的なものとに分れる．自然現象によるものには，地殻変動，沖積層の自然圧密，火山活動，地震などがあり，人為的なものには，鉱物や石炭などの採取，石油や天然ガス溶存地下水の採取，地下水の採取，地下鉄工事や下水道工事による地下水の排水，構造物や盛土による荷重増加などがある．

　地殻変動と沖積層の自然圧密による地盤沈下は，一般に年間2mm以下とされていて，社会生活のうえでは無視することができるから，公害としては取り上げられないし，環境問題ともならない．また，火山活動や地震による地盤沈下は，沈下量としては大きいものの，一時的に突発的な，いつ起こるかわからない災害事象である．地殻変動と沖積層の自然圧密までを含めて，自然現象を公害とすることはできないので，ここでは取り上げない．

　以上から公害として地盤沈下を取り上げるのは，人為的なものに限られる．このうち，第1章で前述したように，鉱物の採掘のための掘削によるものは，環境基本法では公害から除外される．それで，現在地盤沈下として問題になっている原因のほとんどは地下水の汲み上げである．そして，地下水の汲み上げの原因は，①天然ガス溶存地下水の採取，②上水道および工業用水のための地下水の採取，③地下鉄工事および下水道工事による地下水の排水の三つに大別される．これに，構造物や盛土による圧密沈下を起こす地盤沈下が加わる．

7・2　地盤沈下の原因

　地盤沈下の原因は粘土層の圧密沈下であって，地盤深く存在する粘土層が圧密沈下する結果，全体が沈下して地表面まで沈下するのである．粘土層が圧密沈下する原因には二つある．地層は砂利や砂などを含んだ透水層や粘土層などの不透水層などが複雑に重なり合っているが，透水層から地下水が汲み上げら

7・2 地盤沈下の原因

れると，帯水層である透水層の水位が低下する．そうなると帯水層の水分が不足して空隙ができるので，それを埋め合わせるために，上下の不透水層である粘土層の間隙水をしぼり出し，その結果，粘土層の間隙水圧が低下するとともに，粘土層の体積が減少する．もう一つの原因も似たようなものがある．構造物や盛土などによって地盤に対する荷重が増えると，粘土層の体積が減少する．この粘土層の体積減少が圧密沈下となる（図7・1参照）．

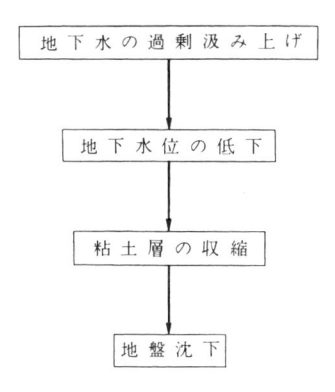

```
┌─────────────────┐
│ 地下水の過剰汲み上げ │
└─────────────────┘
         ↓
┌─────────────────┐
│   地下水位の低下   │
└─────────────────┘
         ↓
┌─────────────────┐
│   粘土層の収縮    │
└─────────────────┘
         ↓
┌─────────────────┐
│    地盤沈下     │
└─────────────────┘
```

図7・1　地盤沈下発生の原因

以上のように，地盤沈下は地下水と密接な関係があり，地盤沈下速度は次式で表される．

$$-\frac{dH}{dt} = k(P_0 - P) \tag{7・1}$$

ここに，dH/dt：地盤沈下速度
　　　　P：現在地下水圧
　　　　P_0：標準地下水圧
　　　　k：常数

上式は地盤沈下速度が標準地下水圧と現在の地下水圧との差に比例していることを示しているが，これは地下水の汲み上げが地下水圧の低下につながり地盤沈下をもたらすことを示すとともに，現在の地下水圧が標準地下水圧にまで回復しなければ，地盤沈下は停止しないことをも示している（図7・2参照）．

地下水を汲み上げるのは，生産活動やそのほか人間の活動に伴って水需要が増加するなどして地下水の揚水を必要とするようになるからであり，その地下水の揚水が地下水位の低下を引き起こし，地下水位の低下が粘土層を主とする地層の収縮をきたし，それが地表面の沈下を生ずるのである．

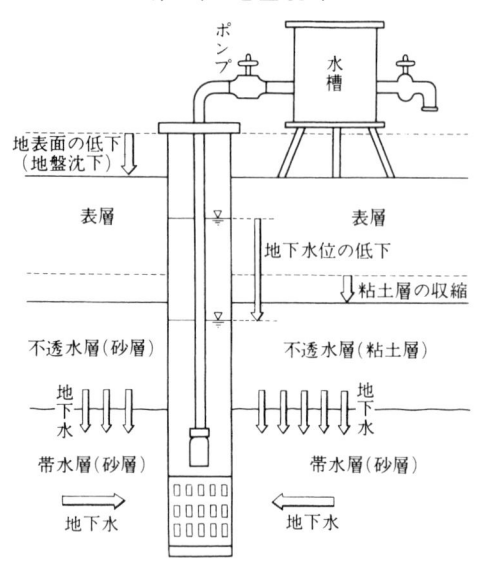

図7・2 地下水の汲み上げと地盤沈下のしくみ

　最近,世界的に清浄な飲み水を求めて,ボトルウォータービジネスが成長しており,わが国でも約10億 l/年もの地下水が水源となっている.

　以上のように,地盤沈下は地下水の揚水原因であることがほとんどである.軟弱な沖積層が分布する地域で多くみられるが,このほか軟弱な沖積層でなくても,工業用水を急激に地下水に求める大規模新工業地帯や,ビル用水を地下水に求める地域や,上水道用水を地下水に求める豪雪都市などでは,地下水の揚水が原因で地盤沈下を起こしている.

　地下水の揚水と同じ理由で,水溶性天然ガスの揚水も地盤沈下をきたす.水溶性天然ガスは深層地下水に含まれていることが多く,これらを豊富に含有する洪積層や新第三紀層の堆積盆地地域は,水溶性天然ガスを揚水することにより地盤沈下をきたす.

7・3 地盤沈下の歴史

　わが国における地盤沈下は,わが国の工業の発展とともに発生した.当初は原因も判明しないまま,また地盤沈下そのものも気づかれなかった.大正時代の初めごろよりはじまったはずであるが明確な記録はない.大正12(1923)

7・3 地盤沈下の歴史

年の関東大震災の直後に，東京付近で水準測量が行われて，江東区を中心として，一部の水準点が大きく沈下していた．しかし，これは当時の知識から地震による地殻変動によるものと考えられて，地盤沈下とは気付かなかった．

その後も全国的に水準測量が何回も行われた結果，地震もないのに，年間15～17 cmも沈下する実例もでてきて，地震が原因でなく地盤の表層の収縮であることが判明した．地盤沈下が発生しているのは，東京だけでなく大阪市西部でも発生し，埼玉県川口市，横浜市，川崎市，兵庫県尼崎市でも発生するようになった．そして，これらの地盤沈下は昭和10～15年ごろに最盛期となり，各地で年間10 cm以上の沈下を記録するようになった．昭和16～20年の第二次世界大戦中急速に鈍化して，終戦前後には停止して，昭和25年頃まで続いている．これはわが国の工業生産の状況とよく一致している．

この頃の地盤沈下の原因として考えられたのは，①盛立や建物などの荷重による地下の地層の収縮，②交通や地震などの振動による地下の地層の収縮，③地層の自然圧密，④舗装道路や家屋の密集化による雨水の減少が原因での地下の地層の収縮，⑤地下水圧低下による地層の圧密加速などである．いずれも定説とはならなかった．⑤の地下水の汲み上げによる地下水圧の低下で，地層の圧密沈下が原因であることが確立したのはずっと後のことである．

わが国の経済が復興して工業生産も復活してきた昭和25年以降になると，地盤沈下が再びはじまった．沈下が年間20 cmにも及ぶ例も出現し，地域も拡大した．東京を例にとると，江東地区だけでなく，荒川沿いの城北地区までも広がり，洪積層に基底を置いた観測井の鉄管自体が沈下をし，地層の収縮が沖積層だけでなく洪積層まで及ぶようになった．東京周辺部の台地にも沈下が生じるようになった．

昭和30年代の後半になると，京浜工業地帯をはじめとする全国の沖積平野の工業地帯で地盤沈下が発生した．大きな社会問題になるとともに，原因追求の調査がすすめられて，地下水原因説が定説となった．地盤沈下対策として地下水の汲み上げを規制するようになり，工業用水や建築物用地下水の揚水が禁止されるとともに，工業用水道の普及が図られるようになった．水溶性天然ガスの採取も禁止されるようになった．

以上の結果，地下水位も上昇して地盤沈下も減少するようになり，深層の地層では，逆に膨張する傾向すらみせるようになった．また，一部に一度沈下した場所が再び隆起している例も生ずるようになった．それで，最近では大幅な

地盤沈下はみられなくなった．わが国の地盤沈下の特徴を下記に示す．
1) ある限られた地域にある時期から急にはじまって，地盤の沈下量は，年間 0.5～1 cm 以上で，20 cm に達することもある．
2) 地盤沈下する地域としては最大数百 km^2 程度である．
3) 沈下し続けるが，対策を講じても元に戻ることはない．
4) 地盤沈下している地域内または近接した地域内において，地下水または地下資源の開発が急激に行われていることが多い．
5) 地下水位の低下と地盤沈下とは密接な関係がある．
6) 地下にある地層が収縮または変形することにより地盤沈下する．
7) 地下水位が回復すると，地盤沈下は減少または停止する．

7・4 地盤沈下対策

地盤沈下の原因が地下水の揚水であることがはっきりしているので，その対策として，下記のことが行われる．

(1) 地下水揚水の規制

工業用水法では，宮城県，埼玉県，千葉県，東京都，神奈川県，愛知県，三重県，大阪府，兵庫県の一部の地域約 1340 km^2 を指定地域として，工業用地下水の採取は許可制となっている．また建築物用地下水の採水の規制に関する法律では，埼玉県，千葉県，東京都，大阪府の一部の地域約 1530 km^2 を指定地域として，ビル等の建築物の冷暖房用などに地下水を採取することは許可制となっている．このほか，地盤沈下の防止と地下水の保全のために，都道府県や市町村の地方自治体で条例により地下水の採取が規制されている．

以上の工業用水法，建築物用地下水の採取の規制に関する法律，および地方自治体の条例により，主な地盤沈下地域は何らかの規制で地下水の採取を禁じている．このほか，地盤沈下対策だけでなく，地下水の保全と地下水の塩水化防止のために，地盤沈下のない地域で規制のある地方自治体も数多くある．

(2) 代替水(だいがえ)の供給

地下水の採取を規制しただけで放置したのでは，人々の生活も困り，産業の発展もあり得ない．代替として何らかの方法で水を供給する必要がある．そのために水資源開発としてダムを建設するほか，工業用水道を設けて需要に応えたり，上水道用水や農業用水などの水源の確保を図って代替水の供給に応じて

7・4 地盤沈下対策

いる．なお，代替水の水源は河川などからの表流水がほとんどであるが，海水の利用方法とか，下水処理水による中水道の理由とか，多角的に行われる．

（3） 水使用の合理化

地下水を採取していた地域は，水需要のひっ迫していた地域のことが多い．かかる地域で地下水の採取を禁止する代わりに，代替水を供給するとしても困難なことが多い．それで下記に述べるような水の使用の合理化が図られる．

1) 上水道については，漏水の防止を図る．
2) 農業用水については，地盤の改良や必要最小限の灌漑を図り，農業用水の節約を図る．アメリカで大規模に地下水を汲み上げて農地にスプリンクラーで散水するシステムは，地下水位の低下を招いて被害が出ている．
3) 節水機器を使用したり，使用頻度を減らしたり，けち精神をPRして，上水道の節水を図る．
4) クーリングタワーを設置して，冷房冷却用水は循環させて節水する．
5) 水洗便所などの洗浄用の水は，下水処理水による中水道の利用を図る．

（4） 地下水の涵養（人工地下水）

地下水の涵養とは，人工的に地下水を増やし，よって地下水の減少を防止しようとするもので，下記に述べる方法がとられる．

1) 都市における緑地を増やすことにより地下への浸透を図る．
2) 道路の舗装で歩道などは透水性の舗装を行って，雨水をなるべく地下へ浸透させて側溝から無駄に海に流れないようにする．
3) 都市に池を多く設けて，池から地下への浸透を図る．
4) 地下に止水壁を設けて地下ダムとし，地下水の海への流出を防止する．
5) 側溝を地下の帯水層に結び，雨水を側溝を通じて地下の帯水層へ導く．
6) ダムによって洪水調節した水を地下に導くようにする．
7) 上流における植林を促進して，地下への浸透を図る．
8) 河川の護岸は透水性のある材料を用いる．

（5） 京都盆地の地下水

京都（平安京）は1200年の歴史を誇る古都で，これだけ永く続いた都は世界でも珍しいとされている．それを支えたのが豊富な地下水であり，生活用水などに困らなかったことにある．京都盆地の地下水は山崎の狭搾部を出口として，地下に豊富に存在し，その水量は琵琶湖の水量とほぼ匹敵する．

この地下水の水位が低下するようになった．原因は，地下鉄工事と，道路の

舗装および河川の護岸工事による水の地下への浸透が減ったことによる．

7・5 建設工事による地下水位低下工法

　建設工事で掘削を行ったとき土留を行うが，支保工や矢板などが何らかの理由により変形したり崩れたりして，周囲の地盤が沈下することがある．しかし，これは，ごく周囲の一部分に影響が及ぼされるだけで，地盤沈下というほどのことにはなり得ない．しかし，ウェルポイント工法などの地下水低下工法を用いて掘削を行ったときには，工事箇所周辺だけでなく，かなり広範囲に地下水の水位の低下を招く結果，その影響範囲内に軟弱な粘土層が存在する場合に，広範囲の地盤沈下を生ずることがある．そして地盤沈下すれば，掘削が終って地下水位が元に戻っても沈下が戻っても沈下が止まるだけで，地盤は元には戻らない．低下した土地は排水不良となり，そのほかの被害が生ずる．

　工事箇所が少ないときは因果関係がはっきりしているが，市街地で同時にあちこちで地下水位低下工法をとっている場合には，複合要因の地盤沈下が発生する．そして，かかる場合には地下水位低下のために採取される地下水の量は，付近の工事の工業用水や建築物のビル用水の使用量にも比適する場合も生ずる．地下鉄工事や下水道工事が，一つの地域で集中する場合にその危険性があり，それが広域的な地盤沈下の原因ともなり得る．その対策として，復水工法や薬液注入工法などがとられる．

7・6 地盤沈下による被害

（1） 土地の低下

　地盤沈下した土地は地下水位が元に戻っても土地の高さは元に戻らない．いちばん困るのは排水が悪くなることで，次に洪水や高潮の危険性が増大する．地域全体が広く沈下する場合に対象物がないので直接的被害はないが，土地価格の下落などの損害を被る．そのほか，堤防の嵩上げを必要としたり，防潮提を築くときに予め将来の沈下量を予測して高くしておく必要がある．

（2） 不等（不同）沈下

　地下水の揚水によって圧密される粘土層は，厚さが同一であることはほとんどなく不均一であることが多い．それで沈下の量は場所によって異なることが

生ずる．広域的に不等沈下する場合はあまり被害はないが，狭い地域での不等沈下は被害が生ずる．構造物の荷重が均等でない場合，基礎形式によっては地盤沈下は構造物に被害を生ずる．家屋が傾いたり，基礎の一部が浮いたり，橋梁・護岸などが壊れたりするのは，たいてい不等沈下が原因であることが多い．

（3） 抜け上り

構造物はたいていの場合に，砂利層などの支持層まで深く基礎を打ち込むが，支持層より上部にある粘土層が圧密圧縮して沈下した場合に，構造物は地面から抜け上ったような状況となる．不等沈下でなくても，建築物としては亀裂が発生したり，埋設管が破損したりする．

（4） 地下水位の低下

地下水位は低下すると，ある程度のところで安定することが多く，元の水位まで復旧することはまず少ない．この場合に，元の地下水位と安定した地下水位との場合との間に差があり，建築物の基礎の地下水位が下がることになる．建築物の基礎としては，コンクリート杭とか鋼管杭を用いている場合は別として，松などの木杭を用いている場合に腐食するおそれがでてくる．木杭は地下水面下の土中でずっと水に浸っているときは，簡単に腐食するものではなく，地下水位の低下で条件が変わってくると腐食しやすくなる．また，地下での酸素欠乏が生ずるものも地下水位低下による空隙が原因であることが多い．

地下水位の低下は地下水の枯渇を意味する．地表の土壌が乾燥するようになって，農地では作物，特に柑橘類が不作するようになり，作物もひからびたものとなる．土壌からの大気への蒸発も減ることから，上空の水蒸気も少なくなって，降雨量の少ない土地になる．アメリカではすでに被害がでている．

（5） 防災対策事業

すでに著しく地盤が沈下している地域については，生じた被害を復旧することも必要であるが，地盤が沈下したために洪水や高潮などのときに大きな災害を被る危険性がある．この対策として，高潮対策，内水排除施設整備，海岸保全施設整備，土地改良などの事業が行われる．

研 究 課 題

7・1 わが国では地盤沈下は収まる方向にあるが，その原因はなぜか．
7・2 自分の住居の近くで地盤沈下がある場合，何が原因か調べてみよ．

第8章 悪　　臭

8・1 嗅　　覚

　人間だけでなく，どんな動物でも，視覚・聴覚・嗅覚・味覚・触覚の5種類の感覚を感知することができ，これを五官というが，五官はいわば外界の情報を取り入れる，生きるために絶対に必要な機能となっている．
　五官のうち嗅覚についてみると，人間はほかの動物に比べて劣り，はるかに鈍いとされている．しかし，嗅覚は味覚と密接な関係があって，生活に欠くことのできない感覚であるばかりでなく，食物が腐っているかどうかも識別を嗅覚ですることができるし，またガス漏れや火災の検知の役に立つこともある．嗅覚により，"におい"として感じるわけであるが，"におい"には"良いにおい"と"悪いにおい"があり，前者を匂いといい，後者を悪臭という．
　なお，カラスは知能の発達した鳥であるが，"におい"に関しては人間よりもさらに劣っていて鈍く，食べ物を識別するときには色で判断する．
　悪臭は人に生理的影響を与えることはあまりないが，心理的または感覚的に影響を与えるものであり，不特定多数の人々に影響を与える場合に，悪臭公害が発生したとみなされる．
　人間は嗅覚については鈍いが，それでも数千種類の"におい"を識別する能力がある．その機能は，人間には約 $3\,cm^2$ の面積を有する嗅覚部が鼻の中にあって，粘膜の表面に嗅細胞を有し，直径 $0.25 \sim 0.5\,\mu m$ で，長さ約 $2\,\mu m$ の繊毛をもっている．鼻の孔から入った空気が嗅覚部に接触すると，嗅細胞は軸索と呼ばれる組織を通じて脳中の嗅球に連結されていて，嗅球からは別の神経細胞により脳中枢に空気中から得た"におい"の情報の信号を送る．

8・2　悪臭の定義

　悪臭は人に生理的影響を与えるわけでもなく，重大な被害を生ずることもなく，また被害を受けるとしても比較的狭い地域に限定されるという特徴はある

が，公害のなかでも苦情件数は少なくはない．

　この悪臭は，上述のように人に生理的影響を与えるわけではないが，その濃度が高くなって，人に生理的影響を与えるようになると，これは有毒ガスとして取り扱われるようになり，公害としては大気汚染の部類に入る．悪臭として分類されるのは人に心理的欲求を与える場合であり，人々は悪臭によって不愉快になり，気持ちが悪くなって怒りっぽくなったりして，快適な生活環境を阻害され，果ては繰り返しにより人々はノイローゼになったりする場合すら生ずる．よほどひどい悪臭とか，悪臭が長時間にわたる場合には，食欲が減退し，吐き気をもよおし，不眠症を訴えるようになり，アレルギー症を生ずるような生理的欲求が生ずることがある．

　悪臭の発生源は天然の場合と人工の場合とがある．天然の場合は量は多いが，広い地球上に拡散されるので検知されることもない．それよりも，むしろ人工的な発生源の方が問題で，量的には天然に比べて問題にならないほど少ないが，地域的に限られた場所で発生するため公害の原因となる．

　人工的悪臭の発生源を大きく分けて，下記のようになる．

（a）　**化学的発生源**　　近代的化学産業の発達によるもので，石油精製工場，石油化学工場，パルプ工場，ゴム工場，印刷工場などが発生源となる．

（b）　**動物性発生源**　　動物を人間の生活に利用するため生ずるもので，養豚場，養鶏場，皮革工場，魚腸骨処理場，各種食品工場，屠殺場などが発生源となる．

（c）　**生活性発生源**　　人々が生活するにあたってどうしても生ずるもので，

写真 8・1　屎尿処理場とゴミ焼却場

屎尿処理場，ゴミ焼却場，下水処理場をはじめとして，規模は小さいが家庭の台所などの生ゴミの発生する場所が発生源となる．

8・3 悪臭の表示単位

　大気汚染である有毒ガスと悪臭物質とは異なった性質があり，行政上も別に取り扱われているが，悪臭物質と厳密に区別することは難しいことが多い．以上から，悪臭物質には大気汚染物質と表示単位で似通ったところがある．
　悪臭は分析機器を用いて検知するが，前述したように，人間の嗅覚はほかの動物に比べて劣り，分析機器の感度よりはるかに高い値でやっと感知する．ところが人間の感知する値は悪臭の方からみれば極めて低い濃度であって，悪臭物質の少量でも人々によって感知されて悪臭公害となる．ただ，人間からみれば何らかの"におい"がするということがわかるだけで，"良いにおい"である匂いであるか，"悪いにおい"である悪臭であるかは，まだわからない．この段階での"におい"を感知できる最低の濃度を検知閾値という．ついで，ある程度濃度が高くなって，どんな種類の"におい"であるかを識別することのできる最低の濃度を認知閾値という．単に"におい"の閾値といえば，検知閾値のことをいう．表8・1に"におい"の検知閾値の例を示す．

表8・1　悪臭の閾値と臭気強度別濃度　　　（単位 ppm）

物　質　名	検知閾値	認知閾値	楽に感知できるにおい			強いにおい	強烈なにおい
アンモニア	0.1	0.5	1	2	5	10	40
メチルメルカプタン	0.0001	0.0007	0.002	0.004	0.01	0.03	0.2
硫化水素	0.0005	0.006	0.02	0.06	0.2	0.7	8
硫化メチル	0.0001	0.002	0.01	0.04	0.2	0.8	2
二硫化メチル	0.0003	0.003	0.009	0.03	0.1	0.3	3
トリメチレアミン	0.0001	0.001	0.005	0.02	0.07	0.3	3
アセトアルデヒド	0.002	0.01	0.05	0.1	0.5	1	10
スチエン	0.03	0.2	0.4	0.8	2	4	20

国で定めている規制基準の範囲

　騒音の場合や公害振動の場合と同じように，悪臭物質の大気中での濃度と人間の感じる感覚量とは比例しない．騒音や公害振動の場合にも補正が行われているが，悪臭の場合でも次に示す相関式が用いられる．

$$I = K \log C \qquad (8・1)$$

8・3 悪臭の表示単位

$$I = KC^{\alpha} \tag{8・2}$$

ここに，I：悪臭感覚量
　　　　C：悪臭物質濃度（単位：ppm）
　　　　K：常数
　　　　α：常数（0.5を用いる）

悪臭の強さを表すのには，表8・2に示す6段階表示法が用いられる．

"におい"を出す物質の数は数十万ともいわれ，前述したように，花や果実や香水の香のように多くの人から好まれる良い匂い（芳香）と，動物屎尿や食物・動植物の腐敗物の"におい"のように，誰からも嫌われる悪い臭い（悪臭）とがある．ところが，人には"におい"に対して敏感な人もいれば鈍感な人もいて，嗅覚には個人差があり，しかも，敏感な人でも必ずしもすべての"におい"に鋭敏であるとは限らない．また，良い匂いである花の香りもしばらく嗅いでいるうちに感じなくなるように，嗅覚は非常に順応しやすいものであり，逆に悪い臭いである汗くさい"におい"もしばらくすると感じなくなる．

以上のように，悪臭を感ずるには個人差があり，状況によっても差がでてくるので，表8・2に示す6段階表示方法は1人だけの感覚量できめるのは不都合なことが多い．なお，表8・3に悪臭物質の臭いを示す．

表8・2 "におい"の6段階表示

強度	においの状態
0	無臭
1	やっとかすかに感知できるにおい（検知閾値）
2	何のにおいであるか判るにおい（認知閾値）
3	楽に感知できるにおい
4	強いにおい
5	耐えられないほど強烈なにおい

表8・3 悪臭物質の"におい"

物質名	においの状況
アンモニア	尿尿のようなにおい
メチルメルカプタン	腐ったたまねぎのようなにおい
硫化水素	腐った卵のようなにおい
硫化メチル	腐ったキャベツのようなにおい
二硫化メチル	腐ったキャベツのようなにおい
トリメチルアミン	腐った魚のようなにおい
アセトアルデヒド	青ぐさい刺激臭
スチレン	都市ガスのようなにおい

8・4 悪臭の測定計器と測定

悪臭は式（8・1）および式（8・2）にて示すように，悪臭物質濃度を測定することにより示される．濃度の測定方法は，悪臭物質を炉紙や真空ビンや資料採取バックなどに捕集したのち，化学反応により測定しやすい物質に変えたり，または濃縮したりしたうえで，ガスクロマトグラフィーなどにより定量する．

ガスクロマトグラフィーは，目的の成分とほかの多数の成分とが混合している資料の中から，目的の成分を分離して量を測定する機器である．図8・1に示すように，一定の流量の試料を運ぶガス（キャリヤーガスといい，窒素ガスなどが用いられる）を流しながら試料を試料送入部から注入すると，試料はキャリヤーガスにより分離管内に送り込まれる．分離管内を試料が通過するときに，試料の中の各成分は，分離管の中に詰められている充てん剤との相互作用によって通過速度に差が生じ，別々に検出器に到達する．それを記録する．

工場や事業場などから排出される悪臭物質は，その敷地境界線および排出口で濃度測定を行うが，排出口における悪臭物質の排出量も規制されていることから，排出口における排ガス量も測定する．なお，悪臭物質ごとに下記に示す測定方法が用いられる．

（a） **アンモニア**　敷地境界線における測定方法は，炉紙に捕集したアンモニアをピリジンとピラゾロンの混液である試薬により発色させて定量する．排出口における測定方法は，JIS K 0009による中和滴定法，インドフェノール法，溶液導電率法，赤外線ガス分析法などによる．

（b） **硫化水素**　敷地境界線および排出口とも真空ビンにて捕集したものを濃縮したのち，ガスクロマトグラフィーにより定量する．

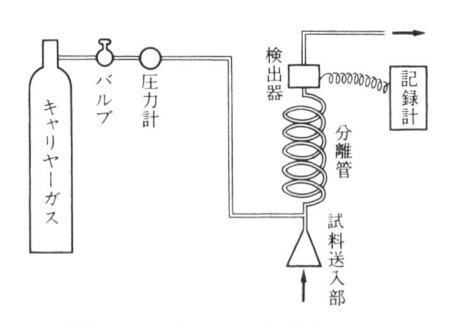

図8・1　ガスクロマトグラフィー

（c） メチルメルカプタン，硫化メチル，二硫化メチル　　前記の(b)と同じであるが，排出口における測定方法は定められていない．

（d） トリメチルアミン　　整地境界線における測定方法は，炉紙に捕集したトリメチルアミンを処理したのち，冷却濃縮し，ガスクロマトグラフィーにより定量する．排出口における測定方法は，真空ビンに捕集したものを濃縮したのち，ガスクロマトグラフィーにより定量する．

（e） アセトアルデヒド　　敷地境界線では試料採取バックに捕集したアセトアルデヒドを，試薬により誘導体に変えたものをガスクロマトグラフィーにより定量する．排出口における測定方法は定められていない．

（f） スチレン　　敷地境界線では，① 真空ビンにて捕集したスチレンを冷却濃縮し，ガスクロマトグラフィーにより定量するか，② 吸着剤に捕集したスチレンをガスクロマトグラフィーにより定量する．排出口における測定方法は定められていない．

8・5　工場・事業場より発する悪臭

　工場・事業場における事業活動によって発生する悪臭は，悪臭防止法により規制されていて，都道府県知事が規制する地域と規制の基準を設定することとなっている．いずれも市町村長の意見を聞いて定めることとなっているが，規制地域としては，① 住居が集合している地域とか，② 学校・保育所・病院・診療所・図書館・老人ホームなど多数の人々が集まる地域が指定される．規制基準は地域全体に一つの基準を設けることもあるが，地域を区分して悪臭物質の種類ごとに設けられることもある．

　悪臭防止法により悪臭物質として指定されているのは，表8・1および表8・3で示した物質で，これらの悪臭物質の規制基準は，国で定める範囲（表8・1にて示す）内で設けられ，測定方法は前節で述べたような国で定める方法により行われる．もし，規制基準に適合しない悪臭物質を排出している工場・事業場があるときは，立入検査を行い，市町村長名でもって，相当の期限を定めて，悪臭物質を発生させている施設の使用方法や作業方法などの改善，悪臭物質の排出防止設備の改良，そのほか悪臭物質の排出を減少させるための措置を講じるよう勧告する．そして勧告を受けたにもかかわらず，期限内に措置を行わず，依然として周囲の住民の生活環境が損なわれているときは，市町

表 8・4 工場・事業場から発生する主な悪臭物質

工場・事業場		アンモニア	メチルメルカプタン	硫化水素	硫化メチル	二硫化メチル	トリメチルアミン	アセトアルデヒド	スチレン
畜産業	養豚業	○	○	○	○	○			
	養牛業	○	○	○	○	○			
	養鶏業	○	○	○	○		○		
製飼料・肥料工場	複合肥料製造工場	○	○	○					
	魚腸骨処理場	○	○	○					
	獣骨処理場	○	○	○					
	鶏糞乾燥場	○	○	○				○	
製食品工場	コーヒー製造工場		○					○	
	畜産食品製造工場	○	○	○					
	水産食品製造工場	○	○	○					
	でんぷん製造工場	○	○						
化学工場	石油製造工場	○	○	○	○	○			
	パルプ製造工場		○	○	○	○			
	レーヨン製造工場			○		○			
	石油化学系製品製造工場							○	
	印刷インキ製造工場							○	
	医薬品製造工場	○	○	○					
	FRP製品製造工場								○
各種製造工場	繊維工場	○	○	○					
	なめし皮製品工場	○	○	○					
	鋳物製造工場	○							
	製鉄工場	○						○	
サービス業等	廃棄物処理場	○	○	○				○	○
	下水処理場	○	○	○					
	屎尿処理場	○	○	○		○			
	へい獣処理場	○	○	○			○		
	病院・診療所	○							
	飲食店	○						○	
	廃品回収業	○							

村長名で改善命令を出すこととなっている．この改善命令にも従わないときは罰則がある．

　どのような悪臭物質が工場・事業場より発生するかを表8・4に示す．

　なお，悪臭の防止対策として下記のようなものがある．

1) 悪臭物質の発生の少ない原材料を選ぶ．
2) 製造や加工工程や処理方法を改良して，悪臭物質の発生を少なくする．
3) 発生した悪臭物質を水や水溶液に吸収して洗い流す．
4) 酸やアルカリなどの薬液を用いて悪臭物質の臭気を弱める．
5) 活性炭やイオン交換樹脂などの吸着剤を用いて悪臭物質を吸着させる．
6) 悪臭物質を直接焼却炉で完全燃焼させる．
7) 白金やパラジウムなどの触媒を用いて悪臭物質を酸化分解させる．

8) 香のよいものを撒布して，悪臭物質の臭気を打ち消す．
9) 活性汚泥や土壌中の微生物により悪臭物質の生分解や凝縮除去をする．
10) 発生源はそのままにして希釈して拡散放出する．
11) 住居から遠ざけるため，工場・事業場の移転を図る．
12) 畜産団地を造成したり，畜舎などの整備や排泄物処理施設を設ける．
13) 到達経路を遮断または妨害するため塀などを設ける．

8・6 その他の悪臭

(1) 焼却による悪臭

住居の集まっているような地域では，工場でも，事業場でも，一般市民でも，燃焼によって悪臭を生ずるような物を適切な燃焼設備や悪臭防止設備を設けないで，多量に燃やすことは，悪臭防止法により禁じられている．

(2) 交通機関による悪臭

バキュームカーやゴミ収集車や屎尿運搬船などは悪臭を発するが，これは移動発生源でもあり，また廃棄物の処理および清掃に関する法律とか，道路運送車両法などによって，別に規制されている．なお，列車の便所については，従来線路上へのたれ流しが多かったが，徐々に貯溜式に改善されつつある．

(3) 建設工事による悪臭

短期間であることから，悪臭防止法では規制されていない．

(4) 水路等における悪臭

下水道の完備してない地区で，工場や事業場や一般家庭の廃水が側溝や河川や湖沼や港湾などの公共用水域に流れ込むことがある．このほか，違法に廃棄物が投棄されたりして，腐敗による悪臭が発生して付近住民の環境を損なう場合がある．このような場合には，これらの公共用水域の管理者（国・都道府県・市町村）が，悪臭の発生しないように処置することとなっている．

(5) 個人住宅・アパート・寮などからの悪臭

隣近所の問題であり，社会生活を営むうえで，お互いに迷惑をかけないという社会常識の問題であることから，公害としては取り上げることはない．

研究課題

8・1　悪臭を防止する方法として新しい方法を研究してみよ.
8・2　大気汚染と悪臭の区別はどこにあるか.
8・3　悪臭の発生を知ったらどう処置すべきか，あらゆる立場で考えてみよ.

第9章　土壌汚染

9・1　土壌生態系の環境保全機能

　土壌は人間の生命を維持するために，必要な穀物や畜産物などの食べ物を生産するだけでなく，人間の生活に必要な木材などの資源をも生産する．加えて大気や水などの環境を保全するうえでも重要な役割を果たしている．この土壌生態系の環境を守る機能は大きく分けて以下の六つとされている．
　（a）　**水質の浄化機能**　　汚濁水が土壌を通過する際に，土壌の粒子や生物が汚濁物質を吸着したり，分解したりして，水を浄化する．
　（b）　**洪水防止機能**　　土壌中にある多くの孔隙が雨水を一時的に貯えて流出流量を調節し，とくに小河川などの洪水防御に役立っている．
　（c）　**土を守る機能**　　土壌中の小動物や微生物が汚染物質を分解する．
　（d）　**土壌浸食・土砂崩壊の防止機能**　　林地や草地など植生のあるところでは，土壌浸食・土砂崩壊の防止機能がある．
　（e）　**大気の浄化機能**　　大気が土壌を通過する際に，土壌の粒子や生物が汚染物質を吸着したり，分解したりして，大気を浄化する．
　（f）　**生物の環境保全機能**　　（c）の土を守る機能により土壌中の汚染物質が分解されて，生物の環境が保たれる．
　以上の機能のうち，（a）と（b）とは水に関する機能であり，（c）と（d）とは土に関する機能であって，（e）の大気に関する機能と，（f）の生物に関する機能と合わせて四つの機能とする場合もある．いずれにしても，土壌は鉱物などの無機物だけではなく，動植物の遺体などの有機物も含めて構成されていて，さらに小動物や微生物や植物の根などの生物が無数に含まれる．これらが一体となって土壌生態系を形成して，上記の機能を果たしており，自然における生態系の環境を保全しているのである．つまり，土壌に負荷された多くの物質は土壌中の小動物や微生物などにより分解され，分解された物質は植物に吸収されるか，降雨によって溶けて流出したりして，土壌中に残留することは少ない．

9・2 土壌汚染の定義

　土壌に負荷された多くの物質は，一般の場合に土壌に残留することはない．しかし，重金属などの一部汚染物質は土壌中の小動物や微生物により分解されることもなく，降雨によって溶けて流出することもなく，土壌中に残留する．これら有害な汚染物質は，工場跡地とか周辺で埋め立てられた鉱滓などが原因であることが多い．また，都市化・工業化の進んだ地域では，大気中の汚染物質である重金属や有害な有機化合物が下降して土壌に蓄積することもある．

　土壌に残留蓄積した汚染物質を吸収した農作物が生産される．その農産物を直接人間が食したり，家畜の飼料とした畜産物を人間が食したりして，人間に有害な物質が体内に蓄積して人の健康に害を与える．このように農産物に吸収されるだけではなく，土壌が乾燥したときに，風などにより，土壌とともに汚染物質は飛散して大気を汚染し，呼吸によって人間の体内に入ったりして中毒を起こし，健康に影響を与える危険性がある．また，飛散して大気中に浮遊しているうちに，降雨時に水とともに流出して周辺の水質を汚染する．

　土壌汚染とは，土壌中に一部汚染物質が残留して人の健康を損なう農畜産物が生産されることをいうが，重金属などの汚染物質により，樹木が枯れたり，農作物などの生育が阻害される場合も含まれる．第11章にて後述する．

9・3 土壌汚染物質

(1) カドミウム

　カドミウムは白色系の柔らかい重金属であって，天然には亜鉛に伴って産出し，カドミウム電池，顔料，合金などに用いられる．汚染されていない土壌でも自然の状態で約 0.4 ppm 含まれており，食品衛生法では玄米中に含まれるカドミウムの濃度が 1 ppm 未満のときにには人の健康に害はないとされている．カドミウムが鉱山などから排出されて河川に流出すると，その河川の水を飲料水として使用して人体に直接入ったり，農業用水を河川から取水して作った農作物を食べる結果，水田に蓄積されたカドミウムが植物を通じて人体に入って，人体にカドミウムが吸収されて慢性中毒症状を起こす．この場合に腎障害や骨軟化症をきたし，全身に激しい痛みと骨折を伴って，患者は「イタイ，イタイ」と悲鳴をあげることから，イタイイタイ病とも呼ばれる．わが国では

富山県の神通川流域で発生し，上流の三井金属神岡鉱山が原因であった．

（2） 銅

銅は展性や延性に富む金属であって，電気および熱の良導体であることから，電線などに広く用いられている．汚染されていない土壌でも自然の状態で，約5 ppm 含まれており，動植物にとっては必須の微量成分であるが，多量の場合に問題となる．銅を含む鉱毒水が鉱山などから排出されて河川に流出すると，河川から農業用水を取水しているために鉱毒水に含まれる銅が水田に流入して，水田の土壌中に銅が長期間のうちに多量に蓄積される．この結果，作物が成育しないので，水田の作物たる水稲や裏作の麦が作物被害を受けて減収となる．つまり，この水田は農用地として役に立たなくなる．もちろん，川魚を食べることは有害であり，飲料水としても適当でない．

なお，土壌中の銅やカドミウムなどの重金属が作物に及ぼす影響の程度は，土壌中に含まれる全量ではなく，薄い酸によって土壌中から溶けてくる量により左右される．上述の銅の 5 ppm やカドミウムの 0.4 ppm とかは塩酸によって抽出される量であって，普通はこれで表され，塩酸抽出と呼ばれる．

（3） ひ　素

ひ素は物理的性質は金属に似ているが，非金属であって，化学的性質はリンに似ている．用途としては，鉛に混入して硬度を高めるとか，猛毒性を利用して有機ひ素剤の農薬として用いる．汚染されていない土壌でも自然の状態で約 1.5 ppm（塩酸抽出）含まれており，動植物にとっては不要な元素であるが，土壌中だけではなく，植物中にも人体内にも微量ながら存在している．しかしながら，土壌中にひ素が多量に存在するようになると，カドミウムや銅の場合と同じように，作物は生育阻害を受けるばかりでなく，農作物にひ素が吸収されて生産される農畜産物は人体の健康を損なう危険性が生ずる．たいていの場合には，植物はひ素によって生育阻害されて枯れることが多いので，植物体にひ素が吸収されることはほとんどなく，人間や家畜が食べて健康を損ねる確率は低い．ひ素による土壌汚染の原因は，亜ひ酸の製造過程の排煙中に含まれるひ素であって，農用地に降下して蓄積することが多い．そして，排煙が大気を汚染して人畜がひ素を吸って中毒を起こす健康被害の方が恐ろしい．

（4） ダイオキシン

第 10 章にて後述する．

(5) クロム（六価）

東京都江東区亀戸にあった日本化学工業の工場で，クロム（六価）を工場敷地内の地中に不法投棄して埋立処分していた．昭和50（1975）年に，その跡地の開発に際して，土壌汚染が発覚した．

(6) DDT および BHC による土壌汚染

DDT は世界的に使用が全面禁止となったが，大量に使用されて，その分解物質は水や大気，土壌から植物や動物の体に取り込まれ，まだ完全に分解されることもなく自然の中を循環している．一方，開発途上国の中には，DDT をマラリア撲滅に用い，BHC を食糧増産のために用いている国がある．

(7) トリクロロエチレンおよびテトラクロロエチレン

電子部品の洗浄用やメッキ用として，トリクロロエチレンおよびテトラクロロエチレンが使用される．残留物の排水処理に際して，地下タンクや排水管などに不備がある場合に，排水が地下に浸透し，地下水や土壌は汚染される．

(8) 水　　銀

稲のイモチ病に効果的な防除剤として水銀系農薬がある．製造工場施設に不備があって，水銀の混じった排水が地下に浸透し，土壌を汚染した例がある．

(9) その他の物質

水銀や鉛やセレンなどは，カドミウムと同じように農作物に吸収されて人間がこれを食べる結果，人体の健康被害が発生する恐れがあるが，亜鉛やニッケルやクロムなどはひ素と同じように農作物に吸収される前に農作物の生育阻害で作物は枯れてしまう．

(10) 土壌の環境基準

土壌汚染に対する環境基準が定められている．環境省のホームページ (http://www.env.go.jp/kijun/index.html)，または参考文献50），51) を参照．

9・4　汚染土壌の復元対策

土壌の汚染は，① 事業活動によって排出された重金属などの有害物質によるものであり，② 地下水汚染と密接な関係があり，③ 汚染された水や空気を媒体とする二次公害であり，④ 一度汚染されると水や空気中の汚染がなくなっても，土壌に蓄積している有害物質は容易に減少しない，などの特徴がある．

9・4 汚染土壌の復元対策

以上から復元対策として，下記の（1）から（3）までの三段階に分かれる．

（1） 山元対策

汚染物質を排出しているのが鉱山や製錬所などの工場・事業所であるので，この汚染源の対策を実施する必要がある．これを山元対策といい，この対策を実施しないと何にもならない．汚染源を切ることが根本的対策となる．

工場・事業所からの排水は，水処理を行って汚染物質は所定以下になるように水質汚濁防止法で決められており，煙突などから出る排煙も集塵装置などを設けて，汚染物質は所定以下になるように大気汚染防止法で決められている．

（2） 二次公害防止

土壌汚染は水質汚濁や大気汚染による二次公害であるので，これらを防止することによって防ぐことができる．

（3） 汚染土壌の復元対策

汚染された土壌の上に汚染されていない土壌を，農地の場合に，農作物の根の届かない厚さ（普通 20～25 cm）で上乗せさせることにより，汚染土壌を深く封じ込める工法がある．これは客土工法と呼ばれ，少量でも作物に吸収されないようにすべきカドミウム汚染土壌の場合に用いられる．

客土工法の場合には少しでも汚染物質を作物に吸収させないように，汚染土壌を表土から切り離して封じ込めるために，客土して上乗せする土量が莫大となる欠点がある．それで汚染されている物質の濃度を薄めるだけで十分に目的を達するような場合には，汚染された土壌の上に必要量だけ汚染されていない土壌を上乗せして，両方を合わせて攪拌して所定の改良目標濃度まで下げて無害化をはかる工法がある．これは希釈工法とも客土混層工法とも呼ばれ，銅およびひ素汚染土壌の場合に用いられる．

土地条件とか土壌条件が許せば，汚染された土壌を 20～25 cm の厚さで取り除いて（排土という），汚染されていない土壌をそのあとへ乗せて客土する工法もある．この工法は排土客土工法と呼ばれ，理想的な工法ではあるが，費用もかかるという欠点がある．

上記の費用のかかるという欠点を少しでも補う方法として，汚染された土壌を取り除いて近くに仮置きしておき，汚染されていないその下の土壌を掘り出して別のところに仮置きし，仮置きした汚染土壌を下に入れて，上に非汚染土壌を上乗せする工法がある．これは反転工とも土層改良工とも天地返し工とも呼ばれる（図 9・1 参照）．

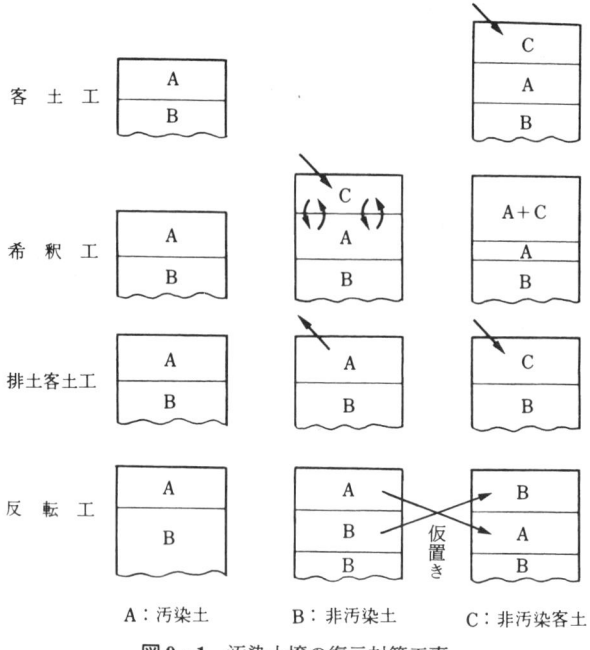

図9・1 汚染土壌の復元対策工事
A：汚染土　B：非汚染土　C：非汚染客土

9・5　土壌汚染の元凶

　土壌汚染は廃棄物の不適切な処理や不法投棄によることが多い．廃棄物は大別して一般廃棄物と産業廃棄物に分けられる．一般廃棄物は人間の生活に伴うもので，市町村の清掃事業として行われる．産業廃棄物は産業の活動に伴うもので，排出者自身の責任で処理することとなっている．第10章にて詳述する．

研究課題

9・1　土壌汚染は，廃棄物によるほか，工場や事業場から排出された有害物質が，水や空気によって運ばれて宅地や農用地などに蓄積して汚染するものである．復元対策が講じられるが，土壌は浄化されず，将来に不安は残る．有害物質を土壌から分離して回収するほかない．汚染土壌の処理対策を調べよ．

9・2　地下水が汚染されていることがわかった場合の浄化対策を調べよ．

第10章　廃　棄　物

10・1　廃棄物処理

（1）　一般廃棄物の処理

わが国の場合に，市町村の行う一般廃棄物の処理の約 3/4 は，集積所からゴミ収集車が収集して，分別・破砕・焼却の中間処理が行われて減量を図り，残渣の不用物を最終処分場に運んで最終処分場の延命が図られている．約 1/4 は，ゴミ収集車が最終処分場に直接投棄して埋立処分されるが，土を被せても，ビニールなどは腐らず，ゴミからメタンガスが発生したり，ゴミの中の有毒物質から汚染物質が漏れて，周辺の土壌・地下水を汚染する危険がある．

一般廃棄物のプラスチック類の処分は，リサイクルとしては，サーマルリサイクル（発電や給湯を主とするエネルギー回収を伴う焼却処理）が約 15 ％ と，再生加工業者によるマテリアルリサイクルが約 10 ％ が主であって，固形燃料化と，元の原料である石油に戻すのは，まだまだ小規模である．それで大部分は，単純焼却処理か，埋立処分される．

"可燃物ゴミ"として生ゴミなどと一緒に，単純焼却処理する場合に，プラスチック類は燃やすと高熱を発して焼却炉の寿命を縮めるほか，ダイオキシンの発生の原因となる．また，"不燃物（危険物）ゴミ"として埋立処分すると，プラスチック類は腐らないことから環境の自浄作用では処理しきれない．

（2）　産業廃棄物の処理

産業廃棄物は排出する事業者が処理・処分したり再資源化を行うものであるが，外部の回収・処理業者に委託することが多い．処理する業者は都道府県知事の許可を得た産業廃棄物処理業者でなければならない．回収・処理業者によって収集・運搬され，産業廃棄物の種類によって焼却処理などの中間処理して後，埋立処分または海洋投棄処理される．なお，有害化学物質が不法に放棄されて埋立てられるものがあり，古いものにはどこに何が埋められたかの記録もない．これらから洩れて，雨水に溶け込んで土壌・地下水を汚染し，ひいては上水道用水や農業用水を汚染し，人体をむしばむ危険がある．

産業廃棄物の焼却処理は，費用がかかるうえに，金属は高熱でも分解せず，また，排出される煙の中にダイオキシンが生成される難点がある．産業廃棄物の収集・運搬，中間処理および最終処分についての技術基準は環境や健康に与える影響に配慮して決められており，海洋投棄処分については，産業廃棄物の種類ごとに海洋投棄禁止，あるいは海域および排出方法が定められている．

産業廃棄物の排出量は，下水処理によって発生する下水汚泥も加わって，汚泥が最も多い．ついで，家畜糞尿，建設廃材，鉱滓，煤塵，木屑，金属屑が多い．産業廃棄物のうち，再資源化率の高い廃棄物は，金属屑，鉱滓，木屑，動植物性残渣，家畜糞尿，廃アルカリとなっている．なお，産業廃棄物の種類については環境省のホームページ (http://www.env.go.jp/kijun/index.html) を参照のこと．そして，産業廃棄物は環境に与える影響の程度によって，下記の3種類に分けられる．

（a） **特定有害産業廃棄物**　　有害物質の廃棄物は，大気，水質，土壌などを汚染しないように処理することが"廃棄物の処理および清掃に関する法律"（通称：廃棄物処理法）で決められている．特定有害産業廃棄物とは，有害物質を含み，特別管理産業廃棄物の一部となるものをいい，そのまま埋立てたり，海洋に投棄したりすると，雨水や海水に溶けて地下水汚染や海洋汚染を引き起こし，環境破壊する危険性があって，後述する遮断型最終処分場に埋立てられる．たとえばPCBで汚染された土壌は，土壌 $1 l$ あたりPCBを 0.003 mg 以上を含む場合には産業廃棄物処理場にもち込めない．PCBの処理施設で浄化するか，土壌をコンクリートで固めて処理して保管することになっいる．

（b） **管理型廃棄物**　　汚水は出るが有害物質は問題になるほど溶け出さないものをいい，後述する管理型最終処分場に埋立てられる．

（c） **安定型廃棄物**　　腐って悪臭を出したり，浸出水が汚染されるなど，地下水汚染とか河川に対する汚染防止対策などを行う必要がなく，環境に対する悪影響はほとんどないとされるものをいう．廃プラスチック，ゴム屑，金属屑，ガラスおよび陶磁器屑，コンクリート破砕屑などの建設廃材は安定品目とされ，後述する安定型最終処分場に埋立てられる．

（3）**不法投棄対策**

昭和50（1975）年に，東京都江東区亀戸にあった日本化学工業の工場跡地でクロム鉱砕のクロム（六価）が地中に投棄埋立てられていたことが判明して，大問題となった．また，平成10（1998）年に，大阪府枚方市の下水汚泥処分

場の跡地を建設残土で埋立てたが，この土壌からPCBが検出された．金属回収業者が廃棄物である高圧コンデンサを不法に処分したのではないかと疑われている．土壌や地下水の汚染をはじめ，ダイオキシンや環境ホルモンの発生の懸念が大きい．この不法投棄対策として，マニフェスト（伝票）制度は，すべての産業廃棄物に対して適用されるようになった．このほか，法人の不法投棄に対しては，最高1億円の罰金が科せられることになり，その撤去費用について産業界と自治体が積立てることになっている．

10・2 埋立地の計画・設計・運営・管理

(1) 計画・設計

廃棄物の最終処分は廃棄物処理法により埋立が原則とされており，処分の大部分は埋立てにより行われているが，海洋投棄処分できる廃棄物もある．最終処分場の設置については，下流の上水道用水の水源への影響に対する不安などから住民の反対などの地域紛争を招くことが多く，水源地を避ける必要がある．

最終処分場の埋立地は周囲には囲い（フェンス）と立札が義務づけられる．最終処分場の構造は，①遮断型，②管理型，③安定型に分かれ，構造に関して技術上の基準が定められている（図10・1参照）．

(a) **遮断型処分場** 産業廃棄物のうち，特別管理廃棄物などの有害廃棄物の多くは，薬剤などを使ってできるだけ毒性を弱めた上で埋立処分される．これを遮断型処分場といい，周辺の公共水域および地下水などから厳重に遮断するために，側方と下部は外周仕切壁で完全に遮断し，内部仕切を設けるほか，上部には雨水流入防止用として屋根を設けた構造の遮断槽となっている．廃棄物処理法の制定前に，クロム（六価）や水銀や鉛やひ素などにより化学工場の跡地や周辺の土壌が汚染され，汚染した土壌から有害物質が流出して付近の水質が汚濁されたり，粉塵として有害物質が空気中に舞い上がって大気が汚染された．この場合に，遮断型処分場として封じ込め処理を行って汚染した土壌を封じ込めた．クロム（六価）鉱滓の場合では，鉱滓を掘り出して，遮断層や還元剤層を設置した場所にまとめて閉じ込めている．

(b) **管理型処分場** 廃棄物には有害化学物質が含まれていることがあり，中間処理での不完全な処理もあって，埋立て後に汚水が浸出し，土壌や地下水に影響を及ぼして公害の原因となることを避けるために埋立て後の廃棄物を管

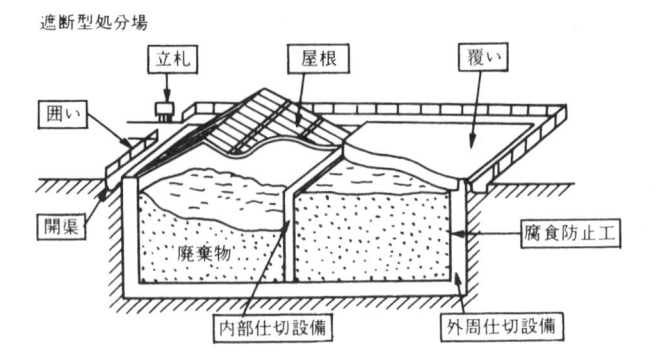

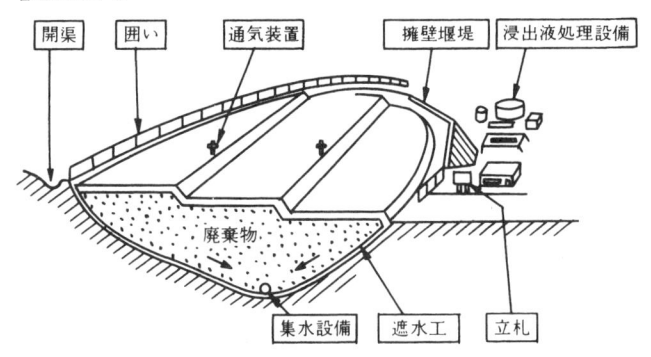

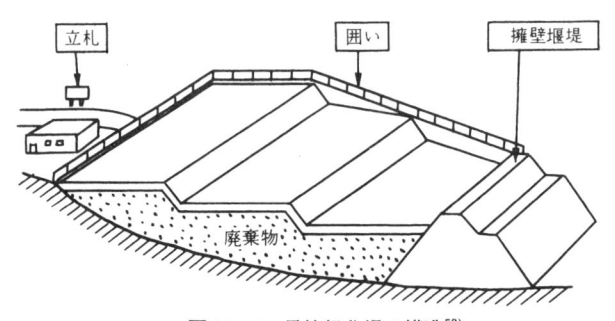

図10・1 最終処分場の構造[53]

理する必要がある．これを管理型処分場という．一般廃棄物は腐敗しやすい食品類があるので，管理型処分場で埋立てられる．産業廃棄物のうち，遮断型と安定型に属さない廃棄物は管理型処分場で埋立てられる．

（c） 安定型処分場　　産業廃棄物のうち，比較的廃棄物の性質が安定している品目で，土壌や地下水への水質汚濁の心配のない廃棄物を対象としている場合に安定型処分場という．廃棄物の飛散や流出の防止に配慮すればよい．

(2) 埋立方式

最終処分場での埋立方式には，下記の三通りがある（図10・2参照）．

（a） 投げ込み方式　　単に廃棄物を投げ込むだけの方式で，手間はかからない．しかし，廃棄物が散乱したり，雨水が浸透して蠅などの害虫も発生し，悪臭も出ることから，環境衛生の問題がある．

（b） サンドイッチ方式　　廃棄物を水平に均一に敷いて，一定の厚さに達すると，環境衛生管理，飛散防止，廃棄物の搬入などの作業の便宜の目的から，土を覆せてブルドーザなどで敷均す．

（c） セル方式　　1日分の搬入した廃棄物の上面および斜面に沿って土を覆せるものであって，即日に土を覆せることから環境衛生上の長所がある．

(3) 覆土と植林

最終処分地が満杯となって埋立てが終わると，最上層に 50 cm 以上の覆土を行い，植林が行われるが，下流には浸透水の水質管理などの目的も兼ねて雨水の表面排水の調整池が設けられる．

(4) 有害物質の浄化

埋立地の壁は汚染された雨水などが周辺の地質に浸透しないように，粘土で覆うか，ゴムやプラスチック類などのシートを貼るか，アスファルトを吹き付けるなどする．しかし，シートやアスファルトでは長年の間に劣化して万全ではなく，必ず漏れるものである．粘土などの自然物の中には有害物質を鉱物化するものがあって，これらを用いるとよい．

(5) 管　理

（a） 防護柵の設置　　他者が進入して廃棄物を違法に無断で投棄することのないように，最終処分場の周囲には囲い（フェンス）を設ける．

（b） 病害虫の発生防止　　蚊や蠅などの病害虫の発生を防止し，悪臭を防ぐなど，最終処分場の清潔を維持する．

（c） 巡　視　　埋立地の状況を監視するほか，ゴミの状況などの巡視を行う．

（d） 雨水排水等の水質検査　　調整池の流出口にて最終処分場の表面排水および浸透水の水質を年2回測定する．検査項目は，①水素イオン濃度

投げ込み方式

サンドイッチ方式

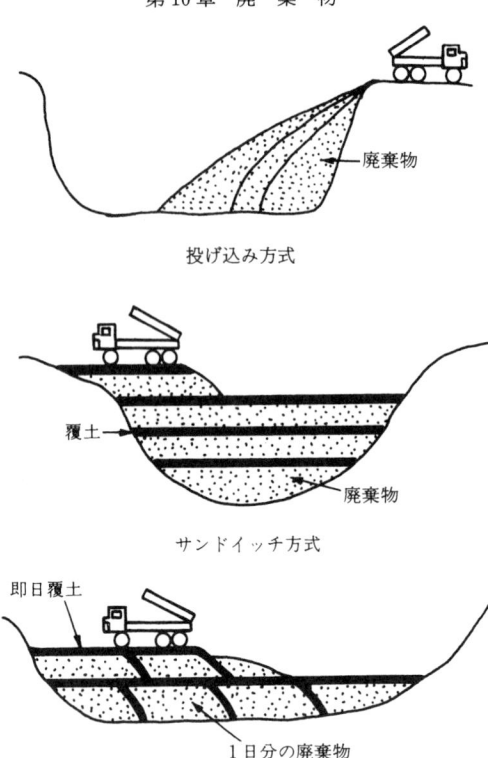

即日覆土
1日分の廃棄物
セル方式

図10・2　最終処分場での埋立方式

(pH)，②生物化学的酸素要求量（BOD），③化学的酸素要求量（COD）となっている．

（e）　**沈下量の測定**　埋立廃棄物による自重圧縮が生じて埋立層が沈下することから，その沈下量を測定する．

（f）　**調整池の管理**　調整池の周辺には1.5 m以上の囲い（フェンス）を設置し，立入禁止の掲示をする．

（g）　**天災等の異常時の措置**　洪水などが発生したときは，最終処分場から廃棄物が流出する危険があり，すみやかに所定の処置や通報などを行う．

（h）　**最終処分場の廃止の確認**　最終処分場の廃止後の状況が管理する必要のない一定の基準に適合していると都道府県知事が確認した場合には，最終処分場の廃止が確定する．

10・3　ダイオキシンの発生

（6）残土処分

建設残土は廃棄物ではなく建設副産物であるが，残土の中には有害物質が含まれていることがあり，残土による埋立地という人工地盤の場合に有害物質に汚染されていることがある．

10・3　ダイオキシンの発生

（1）種々の物質の燃焼による生成

天然物や合成物から熱反応的にベンゼンが生成される．ここに塩素（Cl）が加わると中間生成物として塩化ベンゼンとなり，これがダイオキシンとなる．

わが国の一般廃棄物の約 3/4 は中間処理施設で焼却され，残りは埋立てられるか，リサイクルされている．その廃棄物（一般廃棄物と産業廃棄物）の中間処理施設の焼却炉において，主として塩素（Cl）を含むプラスチックやビニール製品などを低温で酸素不足の状態で不完全燃焼にて燃やすと，化学反応により，塩素（Cl）と反応して塩化ベンゼンとなり，ダイオキシンが発生する．燃焼条件によっても大きく左右されることから，焼却温度が 800 ℃ 以上（できれば 850 ℃ 以上が望ましい）で，連続運転するとダイオキシンの発生量はゼロに近くなる．しかし，焼却温度を高温に保つには膨大なエネルギーを必要とし，また故障とか定期点検のためには運転が止まることから，焼却開始時と焼却終了時にダイオキシンが発生する．なお，排ガスを急速に冷却させて，バグフィルタ集塵機（濾過式集塵装置）の入口の排ガス温度を 200 ℃ 以下にすればダイオキシンの発生は抑えられ，大気中へは発散しない．なお，排ガスの一酸化炭素（CO）濃度が 50 ppm（ppm は 100 万分の 1）以下ならばダイオキシンが発生していないとの目安がある．

廃棄物を焼却することによって発生するダイオキシンは，約 4 km の遠方まで拡散される．そして，焼却灰や排水に残存し，最終処分場から流出して，河川水や地下水を汚染し，海まで達するとされている．また，廃棄物の焼却炉の煙道ガスだけでなく，工場などの煙道ガスに含まれていることがある．

わが国のダイオキシンの発生は，その 80 ％ は廃棄物中間処理施設の焼却炉から発生しているとされている．ドイツでは焼却炉は廃止の方針で，廃棄物の処理は埋立処分の方向にある．

(2) 塩素 (Cl) の存在とダイオキシン

ダイオキシンは塩素 (Cl) の存在が原因である．塩素 (Cl) を加えなければ，もともとプラスチック類の原料である石油の元は太陽エネルギーにより微生物の炭化したものであることから，ダイオキシンのような猛毒とはならない．生物界の浄化システムの基本は，炭素，水素，酸素が最終的に二酸化炭素と水に分解される酸化であり，燃やすのは酸化という自然界の分解作用を手伝うことであるに過ぎない．これに塩素 (Cl) が入ることに根源がある．

塩は電気分解するとナトリウムと塩素に分かれるが，ナトリウムは苛性ソーダとなって工業用に広範囲に用いられる．このときに同時に塩素 (Cl) が大量にあまることから，これを石油製品と反応させて用いることを考えてできたのが有機塩素化合物であり，問題の発端である．もともと，有機とは"生き物の世界"という意味で，有機化合物とは炭素と水素を骨格にしたものであり，動物・植物・微生物などの生物が作り出すものであって，相手の排泄物は自分のエサという循環の仕組みが成立しているものである．生物は体内に摂取したものと酸素をくっつけて分解し，最終的に二酸化炭素と水などの無機物にするが，その"生き物の世界"に酸素よりも結合力の強い塩素 (Cl) が入ったのである．体内に有機塩素が入ると，塩素 (Cl) は酸素より結合力が強いために，有機塩素は分解されず代謝されないで体内に残留する．

なお，同じ塩素 (Cl) でも食塩の塩素は，プラスチックの中に含まれる塩素 (Cl) と比べて反応性は低いことから，燃やしてもダイオキシンを発生することはない．食塩は約 800 ℃ で融けはじめるが，それ以下の温度ではほかの物質とは化合しないことから，食事に使ってもなんら支障はない．

プラスチック類でもポリウレタンは燃やしてもダイオキシンを発生しない．

(3) その他の生成

(a) 塩素 (Cl) 漂白による生成　製紙工場におけるパルプ製造工程において，漂白剤として塩素 (Cl) が使われる場合に，塩素 (Cl) が木材の成分と反応してダイオキシンが生成する．

(b) 塩素 (Cl) 殺菌による生成　浄水場における塩素消毒時，およびプールの水を塩素消毒するときにもダイオキシンが生成する．

(c) 大型トラックの排ガスからの生成　自動車のディーゼルエンジンの場合，環境省の調査で，ディーゼルエンジンを搭載する大型トラック（最大積載量 12 t）の排ガスにも平均 2.65 pg/m^3（pg：ピコグラム，1 兆分の 1 g）の

ダイオキシンが含まれていることが判明している．

（d）産業廃棄物からの生成　農薬工場から発生する産業廃棄物にダイオキシン含まれていて，これらを埋立する最終処分場からでる可能性が高い．

（e）殺菌剤・除草剤の副産物　塩化フェノール，または五塩化フェノール（PCP）などに代表される殺菌剤や除草剤の製造時に，副産物の不純物としてポリ塩化ジベンゾパラジオキシン（PCDD）が生成する．

10・4　ダイオキシンの規制値

　大気中に排出されたダイオキシンは，そのうち3％は呼吸により直接人の体内に摂取される．量は少ないが，呼吸器を直撃して影響は大きい．環境中に排出されたダイオキシンは分解されないから，残りの97％は，いろいろと経て最後は魚介類に蓄積する．その魚介類などの食品を通じて人の体内に摂取されるので，人体内の脂肪に蓄積し，母乳には高濃度に濃縮する．

　わが国ではダイオキシン類の平均摂取量は1日体重1kgあたり1～3.6pgとみられているが，環境省の健康リスク評価指針値では食品を通しての耐容1日摂取量（TDI，一生摂取しても健康に影響のない1日の摂取許容量）は大人で体重1kgあたり5pg以下が望ましいとしており，労働厚生省では耐容1日摂取量は体重1kgあたり10pg以下と定めていて足並みは乱れている．しかし，世界保健機関（WHO）では耐容1日摂取量は体重1kgあたり1～4pg以下とするように勧告している．なお，大気汚染に係わる環境省の大気中のダイオキシン濃度の指針値は$0.8\,\text{pg/m}^3$となっている．

　母乳中に脂肪1gあたり約25pgのダイオキシンが含まれていた研究成果があり，乳児の1日の母乳摂取量を体重1kgあたり120ccとすると，乳児が授乳によって1日に摂取するダイオキシンは，体重1kgあたり平均113pgという計算になる．この数値は授乳は単期間とはいえ，上記の大人の耐容1日摂取量をはるかに超えるものである．

　わが国では，焼却炉の煙突からの排出ガスのダイオキシン規制値は，新設焼却炉の場合に$0.1\,\text{ng/m}^3$（ng：ナノグラム，10億分の1g）以下，既設焼却炉の場合に規模によって$0.5～5\,\text{ng/m}^3$以下となっている．なお，正確にはng-TEQ/Nm³で表示される．ここで，TEQとは毒性等価換算濃度の略であって，いろいろなダイオキシン類を最も毒性の強い2・3・7・8-TCDD（四塩化ダイオ

表10・1 ダイオキシンの相対毒性 (TEF)

ダイオキシンの種類	TEF	ダイオキシンの種類	TEF
PCDD		**Non-Co-PCB**	
2,3,7,8-TCDD	1	3,3′,4,4′-TCB	0.0005
1,2,3,7,8-PeCDD	0.5	3,3′,4,4′,5-PeCB	0.1
1,2,3,4,7,8-HxCDD	0.1	3,3′4,4′,5,5′-HxCB	0.01
1,2,3,6,7,8-HxCDD	0.1		
1,2,3,7,8,9-HxCDD	0.1	**Mono-Co-PCB**	
1,2,3,4,6,7,8-HpCDD	0.01	2,3,3′,4,4′-PeCB	0.0001
1,2,3,4,6,7,8,9-OCDD	0.001	2,3′,4,4′,5-PeCB	0.0001
		2′,3,4,4′,5-PeCB	0.0001
PCDF		2,3,4,4′,5-PeCB	0.0005
2,3,7,8-TCDF	0.1	2,3,3′4,4′5-HxCB	0.0005
1,2,3,7,8-PeCDF	0.05	2,3,3′,4,4′,5-HxCB	0.0005
2,3,4,7,8-PeCDF	0.5	2,3′,4,4′,5,5′-HxCB	0.00001
1,2,3,4,7,8-HxCDF	0.1	2,3,3′,4,4′,5,5′-HpCB	0.0001
1,2,3,6,7,8-HxCDF	0.1		
1,2,3,7,8,9-HxCDF	0.1	**Di-Co-PCB**	
2,3,4,6,7,8-HxCDF	0.1	2,2′,3,3′,4,4′,5-HpCB	0.0001
1,2,3,4,7,8,9-HpCDF	0.01	2,2′,3,4,4′,5,5′-HpCB	0.00001
1,2,3,4,6,7,8-HpCDF	0.01		
1,2,3,4,6,7,8,9-OCDF	0.001		

キシン)の毒性を1とした場合に換算したときの相対毒性(毒性等価係数,TEF,表10・1参照)にて表した濃度をいう.また,Nm^3とはノルマル(0℃で1気圧の標準状態における気体の体積)m^3をいう.

10・5 ダイオキシンによる環境汚染

(1) 廃棄物中間処理場の焼却炉による大気中のダイオキシン汚染

廃棄物の中間処理場の焼却炉のある周辺で,環境省の大気中のダイオキシン濃度の指針値 $0.8\,pg/m^3$ を超えるダイオキシン汚染のひどい場所があり,住民の健康が懸念されている(表10・2参照).

なお,昭和50年代から約20年にもわたって,香川県土庄町豊島(てしま)という瀬戸内海の小さな島の一角に,約50万トンもの廃車のシュレッダーダストの産業廃棄物が不法投棄され,ダイオキシンなどの有害物質が検出された.多額の税金を投入して,処理が行われた.

10・5 ダイオキシンによる環境汚染

表10・2 大気中のダイオキシン濃度

調査地点 (いずれも一般環境)	濃度 (pg/m³)	調査地点 (いずれも一般環境)	濃度 (pg/m³)
埼玉県上尾市	0.88	東京都清瀬市	1.4
〃 川越市（北東部）	0.92	大阪府堺市	0.81
〃 〃 （北部）	0.95	〃 泉大津市	1.2
〃 所沢市	0.99	〃 泉南市	1.0
千葉県市原市	1.3	〃 枚方市	0.87
東京都足立区	0.96	大阪市大正区	0.84
〃 江戸川区	0.89	〃 〃 鶴見区	1.3

写真10・1 豊島の不法投棄された有害産業廃棄物（香川県土庄町提供）

(2) 土壌中のダイオキシン汚染

　大気中のダイオキシンは降下して土壌を汚染することから，ダイオキシン汚染の表現は土壌1g中に含まれるダイオキシン類の残留濃度でも表される．ドイツでは，規制値は40 pg/gで，農地で40 pg/g以上の濃度が検出された場合には土壌の入れ替えが行われる．運動場で100 pg/g以上の濃度が検出された場合に，その運動場は使用禁止となり，児童の立ち入りは禁止となる．わが国にはまだ土壌残留の規制値はない．

　大阪府能勢町にある豊能郡美化センターの焼却炉からの高濃度のダイオキシン排出と，排ガスを洗浄した冷却水が高濃度のダイオキシンに汚染されて周囲にまき散らして問題となり，平成9 (1997) 年6月に操業中止となった．平成10 (1998) 年に近辺の土壌から5200万pgという世界で類を見ない高濃度の

ダイオキシンが検出された．1500 pg/g 以上の場合には土壌を除去することになった．

このほか，兵庫県千種町の宍粟環境美化センターの焼却灰や不燃ゴミなどを埋めた最終処分地，長野県諏訪市の一般廃棄物処分場の周辺土壌，和歌山県橋本市の一般廃棄物中間処理場の土壌などで，高濃度のダイオキシンが検出されている．

なお，埼玉県内の土壌は，ほぼ全域にわたって 100 pg/g 以上の濃度のダイオキシンが検出されており，所沢市周辺の土壌では最高の約 450 pg/g の濃度のダイオキシンが検出されている．

（3） 人体内のダイオキシンの蓄積

1） ある調査では，日本人は，体重 60 kg の人で，180～600 pg/日のダイオキシンを摂取しているとされている．うち，食品は 90～95 %，大気 2～5 %，飲料水 1～2 %，土壌 1～2 % と試算されている．その残留性（生体内半減期）は，血液中で 4.1～11.3 年，脂肪組織中で 2.9～9.7 年で，平均 5～10 年とされている．

2） ダイオキシンは水に溶けにくい．排出されにくい化合物は，人体内の中の一定の場所に留まることなく常に血液中の脂肪に溶け込みながら体内を移動しており，やがて脂肪組織や肝臓などに蓄積することから，母乳に比較的多量に含まれる．それで，厚生労働省では母乳中に含まれるダイオキシンの調査を行った．東京都，大阪府，埼玉県，石川県において行われた報告によると，乳児は体重 1 kg あたり平均約 72 pg のダイオキシンを摂取していることが判明した．この数字は，厚生労働省の定める耐容 1 日摂取量（TDI）10 pg の 7 倍を超える数字である．

3） 毛髪には大気や屋内の空気中のダイオキシンが染み込むことから，大気の汚染状況を反映している．ある調査によれば，兵庫県宝塚市の廃棄物焼却場の職員の毛髪から，最高 13.6 pg/g，一般市民の約 3 倍にあたる平均 5.94 pg/g のダイオキシンが検出された．産業廃棄物の焼却場の多い埼玉県所沢市の住民 126 人の毛髪から平均 2.26 pg/g のダイオキシンが検出された．毛髪には大気や屋内の空気中のダイオキシンが染み込むことから，大気の汚染状況を反映していることになる．

10・6 ダイオキシン対策

（a） 廃棄物焼却炉の改善　ダイオキシンを最も多く排出しているのは廃棄物中間処理場の焼却炉であり，対策としてゴミの焼却を減らすことにある．

（b） 最終処分場の改善　焼却灰の中にもダイオキシンが含まれているので，これらを埋立てする管理型最終処分場からダイオキシンが流出する．最終処分場の下流に設ける流出液処理施設や調整池で十分な処理を行わなければならない．なお，管理型最終処分場はゴムシートやビニールシートなどが敷かれているだけで，荷重または老朽のために必ず破れてダイオキシンを含んだ雨水が地下に浸透する．これが下流に泉などとして湧出し，河川や湖沼を汚染する．水源地となる山間部に最終処分場を設けてはならない．

（c） 廃棄物溶融炉の導入　ダイオキシンの発生をなくし，焼却灰の最終処分地における埋立処分の問題を解決するためには溶融処理（溶解処理）がある．溶融処理は，ゴミを1500℃ぐらいの高温にして溶かしてしまうもので，費用がかかる欠点がある．

（d） 地域での注意　企業や家庭や小学校などにある小型焼却炉やドラム缶を使っての可燃物ゴミの焼却を止める．

（e） 野焼きの禁止　野焼きを止める．なお，落葉は放置しておくと，腐敗して小動物や微生物によって分解される．

（f） 家庭での注意　食卓などで使われているラップの中でも塩化ビニールなどの塩素を含むものは，可燃物ゴミとして燃やせばダイオキシンを排出することから，使用しないこと．製造禁止することが望まれる．このほか，塩ビコーティング紙を避けるほか，包装のために用いる塩素を含むプラスチック類は使用を避けるとよい．

（g） 銅の触媒機能　銅は燃焼のときに触媒となって，銅がない場合に比べて数百倍のダイオキシンを発生させる．電線は，導線として銅が使われ，被覆材として塩化ビニールが用いられていることが多いが，不注意に燃やすと，銅は燃えないが，銅が触媒として大量のダイオキシンを発生し，これを吸って気管などを痛めることになるので注意しなければならない．

（h） 塩素の判別方法　塩素を含むかどうかを調べる方法として，バイルシュタイン試験がある．銅線の先端を赤くなるまで熱してプラッチックなどを少し付け，再び加熱して炎にかざす．プラスチックに塩素が含まれている場合

には，塩素と銅は化学反応を起こして炎は鮮やかな緑色になる．

（i） **建築廃材の焼却時の注意**　古い家を壊したり，修理したときの廃材は産業廃棄物として処理すること．不完全な焼却炉で焼却してはならない．

（j） **地方自治体の責任**　地方自治体は一般廃棄物の焼却炉からダイオキシンを排出しないような処置をとるとともに，企業や家庭などでのダイオキシンを出さないための注意を住民にPRする必要がある．

（k） **子供の泥んこ遊びの注意**　人は土壌から舞い上がる塵などを吸うことから，ダイオキシン濃度の高い場所では子供を遊ばせないこと．

（l） **魚介類の注意**　ダイオキシンは海に流れて魚介類に蓄積する．食物から人体内に取り込むダイオキシンのうち約60％は魚介類という．生物濃縮で魚の内臓にダイオキシンが蓄積するので，内臓は食べない方がよい．

（m） **汚染の地域格差**　厚生労働省の調査によれば，日本人が食品から摂取するダイオキシン類（ダイオキシンと似た悪影響を及ぼすコプラナーPCBを含む）の量は，毒性換算して，体重1 kgあたり2.41 pg/日となっているが，その数値は地域格差は大きい．日本列島の太平洋側の大都市周辺の沿岸では，土壌の残留農薬が海に流れ込み，魚類に蓄積して，捕れる魚介類で脂の多い魚類にはダイオキシン濃度が高く，特にスズキは濃度が高い．このように汚染の地域格差がある（表10・3参照）．

（n） **肉類の注意**　ダイオキシンは生物の脂肪組織に溜ることから，肉類の脂肪分はではるだけ避けるとよい．脂身を切り取れない場合には，煮たり，ゆでたりして脂を抜くとよい．

表10・3　ダイオキシン汚染の地域格差

北海道地区	1.42
東北地区	2.61
関東地区A	2.12
〃　　B	2.68
〃　　C	3.18
中部地区A	2.64
〃　　B	2.71
関西地区	3.14
中国四国地区	1.37
九州地区	2.27
平　均	2.41

（TEF，体重1 kgあたりのpg）

（o） **野菜の産地の注意**　ダイオキシンで大気が汚染された地域を産地とする野菜類は避けた方がよい．ダイオキシンを出す焼却炉から 4 km 以内の土壌はダイオキシンで汚染されていると考えてよい．新聞やテレビで報道された汚染地域（外国を含む）の野菜は避けるに越したことはない．

（p） **ダイオキシンの体内からの放出**　食物繊維や葉緑素を多く含む食品は，体内でダイオキシンをよく吸着し，便と一緒に排出する機能がある．

（q） **用紙の選別利用**　製紙工程で漂白剤として塩素が使われてダイオキシンが発生するので，真っ白な用紙をできるだけ用いないようにする．

（r） **空気清浄器の使用の薦め**　焼却炉に近いとか，汚染が疑われている地域では，空気清浄器を使い，フィルタをまめに交換する必要がある．

10・7　廃棄物のリサイクル

　世界各国は，廃棄物対策について，廃棄物の発生の抑制，廃棄物のリサイクル，廃棄物の焼却処理，最終埋立処分場での適正な処理について，各国ごとに実情に即した対策を実施している．ダイオキシンなどの発生による環境汚染を抑えるのには，発生の抑制と，廃棄物のリサイクルが最善の方法であることから，わが国では経済産業省や国土交通省や環境省などが中心となって取り組んでいる．そのガイドラインを下記に述べる．

（a） **紙**　古紙の利用率の向上を図るために，グリーンマーク運動を展開して古紙利用製品の購入に向けて国民の意識の啓発が推進され，トイレットペーパーなどの古紙利用率が向上し，50 % を超えるに至った．

（b） **スチール缶・アルミ缶**　再資源化率の向上を図るために，自治体での分別回収，回収拠点の拡大が図られ，スチール缶・アルミ缶の再資源化率は，70 % を超えるに至った．

（c） **ガラス瓶**　ガラス瓶の回収システムが整備され，リターナル瓶の使用拡大が図られ，ガラス屑・ワンウェイ瓶を破砕したカレット利用率の向上が図られた．カレットは熱を加えて溶かせば瓶の材料になるが，色分けや異物の除去が難しい．なお，カレット利用率は 100 % に近い．

（d） **家電製品**　設計時に，減量化，再資源化，処理容易化に配慮した構造設計，材料構成，組立法とするようになった．なお，家庭から排出される家電製品の 80 % は，テレビ，電機冷蔵庫，電機洗濯機，エアコンの大型家電製

品であって，この4品目で年間約60万トンが排出されている．販売店ルートによる廃棄家電製品の回収体制を確立するために，修理体制を整備して長期使用を促進することを目指し，平成10（1998）年に「特定家庭用機器再商品化法」（通称・家電リサイクル法）が制定された．

（e）**自動車・自転車**　設計時に，処理容易化に配慮した構造設計，材料構成，組立法とするようになった．長期使用の啓発とともに，販売店ルートによる廃車の回収体制を確立し，放置自動車・自転車の回収・処理について業界の協力体制を整備するようになった．

（f）**大型家具**　設計時に，減量化，再資源化，処理容易化に配慮した構造設計，材料構成，組立法とするようになった．木製や金属製のリサイクルを推進し，処理を容易にするための品質の表示を行うものである．

（g）**乾電池**　使用済古乾電池はいちばん土壌汚染の危険性のあるものであるが，その回収率は10％にも達しいない．緊急に使用済古乾電池の回収処理のシステム化を図る必要がある．

（h）**カーペット，布団など**　回収ルートを確立する必要がある．

（i）**包装**　無駄な包装を省き，包装方法の適正化，流通段階における消費者選択制の導入などを図るために，平成7（1995）年に「容器包装に係る分別収集及び再商品化の促進等に関する法律」（通称・容器包装リサイクル法）が制定された．

（j）**エアゾール缶**　ガスボンベをはじめとするエアゾール缶は，リサイクルができないうえに，ゴミとして出した場合にも液が残っている場合に引火の危険性があって始末が悪い．使い切ってから危険物ゴミとして出すことが明示されているが，必ずしも実行されていない．

（k）**建設廃棄物**　参考文献52の「建設副産物」を参照されたい．

研 究 課 題

10・1　一般家庭のゴミの収集日には生ゴミなどの普通ゴミ（可燃ゴミ）の日と危険物（不燃ゴミ）の日などがある．これはどんな理由があるか調べてみよ．

10・2　プラスチックや塩化ビニールなどの化学製品を家庭の庭で燃やしたとき，鼻をつく強烈な悪臭を感ずることがある．これは何か調べてみよ．

第11章 自然環境

11・1 自然環境の現状

　自然環境の程度を最も良く表しているのが植物群落であるとされており，植物群落は人手の加わる程度によって種々の変化を示していることから，その種類によって自然環境の程度，逆からいえば自然破壊の程度を知ることができるとされている．その指標となるのが植生自然度と呼ばれるものである．これを表11・1に示す．

　この表からわが国の植生自然度をみると，自然度9と10つまり人工がほとんど加えられていない地域は，国土のわずか23％であるに過ぎず，国土の約8割は何らかの形で人手が加わっていることがわかる．逆の自然度1の緑がほ

表11・1　植生自然度の分類基準（面積比率はわが国の場合）

土地利用区分	植生自然度	概要	備考	面積比率%
I	1	市街地や造成地	植生のほとんど残存しない地区	3.1
II	2	水田や畑地	水田や畑地などの耕作地・緑の多い住宅地・（緑被率60％以上）	22.7
II	3	樹園地	果樹園や桑園や茶畑や苗圃など	1.5
III	4	二次草原	シバ群落などの背丈の低い草原	1.5
III	5	二次草原	ササ群落やススキ群落などの背丈の高い草原	1.6
IV	6	造林地	常緑針葉樹，落葉針葉樹，常緑広葉樹等の植林地	20.9
V	7	二次林	クリーミズナラ群落，クヌギーコチラ群集等，一般には二次林と呼ばれている代償植生群落地区	21.0
V	8	自然林に近い二次林	ブナ・ミズナラ再生林，シイ・カシ萌芽林等，代償植生であっても，特に自然植生に近い群落地区	4.5
VI	9	自然林	エゾマツートドマツ群集，ブナ群集等，自然植生のうち多層の植物社会を形成する群落地区	21.7
VI	10	自然草原や湿原	高山ハイデ，風衝草原，自然草原等，自然植生のうち単層の植物社会を形成する群落地区	1.1

とんどない市街地は国土の約3％も占め，世界的にみてわが国は自然環境の悪い部類に属する．

わが国の代表的な67箇所の湖沼について，水質および湖岸線の改変状況を調査した結果，自然状態を保っているのはわずか5箇所に過ぎず，さらに同じく全国の代表的な51本の河川について調査した結果，ダムなどによる改変が広く行われているために，自然状態を保っている河川は4本に過ぎない．

海岸についてみると，護岸や干拓地の造成などで海岸の自然は大きく変わるものであるが，人工が加えられていない純自然海岸と，人工の程度によって半自然海岸と人工海岸とがある．わが国の海岸線の延長からみると，約60％が純自然海岸であって世界的にみると少ない．なお，海岸線の改変だけではなく，海の水質や生物分布まで含めた海域調査をみると，自然の状態を保っているとみられるのは，国立公園や国定公園に指定されている5海域に過ぎない．

生物の生存状態から自然環境をみる方法としては，野鳥の状況を用いることが多い．これは人間の活動によって自然が変化し，野鳥が影響を受けるからである．農薬による汚染が主たる原因で野外で姿が見られなくなったコウノトリや，水の汚染や水辺の崖地が人工となったため，餌となる魚もなく巣が作れなくなって山間部にしか見られなくなったカワセミなどが良い例である．トキは19世紀には，わが国をはじめとして，中国，朝鮮半島，東シベリアに数百万羽もいたとされる美しい鳥であるが，やはり農薬による汚染で餌としている天然のドジョウがいなくなったために，食べ物に窮して絶滅に瀕しており，わが国では佐渡島で人工飼育されている状態である．また，トンボがいなくなると，自然環境が破壊されたことを示しているという．

一方，野生動植物と人間とのかかわりをみてみると，野生動植物は自然界の構成要素として重要な役割を果たしているほか，衣食住，医療，科学，文化，教育，レクリエーションなどさまざまな分野で人間と深いかかわりをもっている．まず自然界に存在するすべての種は，それぞれ独立して存在しているのではなく，食うもの，食われるものとして食物連鎖に組み込まれているなど，相互に協力しあって自然界のバランスを維持している（11・2節にて詳述）．もし種が絶滅するようなことがあれば，多様な遺伝子資源を減少させることとなり，農業・工業・医療・その他種々の分野の発展への可能性を狭める．また野生動植物は食料・工業材料・医療薬品・皮革製品などの原料を提供してくれる重要な生物資源であるとともに，自然科学を学ぶための教材や探勝および釣り

などのレクリエーションの対象ともなり得る．

以上から，野生動植物の保護のためには，生息あるいは生育する環境が十分に保全されるとともに，乱獲が行われないようにし，外来種の移入によって在来種が悪影響を受けないようにすることが必要である．わが国では11・4節にて後述するように，自然環境保全地域，自然公園，鳥獣区のような地域を設けたり，また狩猟や採取を規制したりして，保護を図っている．

ところが白鳥の例のように，わが国とシベリアを往復する渡り鳥もあり，そのほか国境を越えて生息する動物も多い．それで一つの国だけの保護措置だけでは十分ではないので国と国との協力が必要であり，わが国もいろいろな国と条約や協定を結んで渡り鳥の保護や情報の交換をしている．水鳥の生息地として国際的にも重要な湿地を保全するための条約であるラムサール条約に加盟して，タンチョウヅルの繁殖地として釧路湿原を登録している．

また，経済的価値の高い野生動物は，需要が多いと商取引の対象となり乱獲されるおそれもあり，これを防ぐために絶滅のおそれのある野生動植物の種の保護を図る必要がある．それで国際取引についても一定の規制が必要なことから，現在の絶滅のおそれの状況に応じて保護すべき野生動植物を三区分に分類して保護している．これがわが国も加入しているワシントン条約であって，区分ごとに規制の内容は異なるが，取引規制の対象は生きているか死んでいるかに関係なく，剥製やハンドバッグやコートなどの加工品にも及び，自由に輸出したり輸入したりすることは禁止されている．このワシントン条約で絶滅のおそれのある種またはこれに類する種として国際取引が規制されているものは，動物および植物の全分野にわたって約850の品目が指定されている．しかし，野生動植物を輸出する国には発展途上国が多く，これらの国では野生動植物保護の体制が十分でないために，違法な捕獲や輸出が絶えない．

11・2 自然と生態系

（1） 日本の国土の自然

日本列島は南北に長く，本州中部は3000m級の山々があり，暖帯，温帯，亜寒帯，寒帯という整然とした温度的序列をもった島々で形成されている．また，日本列島はアジア大陸の東端にあるために，夏の植物の生育期には太平洋からの季節風が十分な雨をもたらし，冬には季節風が対馬暖流の流れるに日本

海を渡ってくるために，日本海側や山岳地帯に多くの雪を降らせる．この結果，これらがわが国の重要な水源となっている．そして，長野県などの内陸部や瀬戸内海地方では比較的雨が少ないが，植物の生育に支障をきたすほどでもないので，日本列島全体にわたって森林が育成されるのに十分な雨量にめぐまれている．このことから日本の自然といえば森林を中心としたものとなる．以上からわが国には，暖帯，温帯，亜寒帯，寒帯という温度的序列があって，四つの森林帯に分かれる．一つの国でこのような例は珍しい．これを表11・2に示す．

これらの森林帯は同一の林が広がっているのではなく，場所によって植物が異なり，しかも種類としてまとまりがある．これを群落と呼ぶ．そして，自然のままならば，わが国の国土はほとんどが表11・2で示す自然植生，つまり原生林によって覆われているはずということになるが，実際は国土の68％が森林であり，しかも自然林は約26％であるに過ぎない．そのうえに，徐々にではあるが，自然植生が減少しつつあるのが現状である．

表11・2 森林帯の特徴

	暖 帯 林	温 帯 林	亜 寒 帯 林	寒 帯 林
領 域	関東および東海地方から西日本の平地および山麓部分と新潟県北部および宮城県の海岸地帯を北限とする	中部山岳地帯の標高800～1600mの地域で，北へ行くに従って標高は下り，北海道の中央部では標高700m以下とする．ブナは渡島半島を北限とする	本州では標高1600～2600m，北海道中部では700～1400mの地域	本州では標高2600m以上，北海道中部では1400m以上の地域
名 称	照葉樹林帯，カシ帯	温帯落葉広葉樹林帯，ブナ帯	亜寒帯針葉樹林帯，シラビソ帯	ハイマツ帯，高山帯
樹 木	カシ，シイ，タブ	ブナ，ミズナラ，トチノキ，カエデ	コメツガ，シラビソ，オオシラビソ，トドマツ，エゾマツ，アカエゾマツ	ハイマツ

(2) 生 態 系

生態系の中の物質の動きには，開放系と半開放系と閉鎖系の三つがある．

（a）開放系　植物体を構成する元素の中で最も量の多いのが炭素であって，その循環が開放系である．生物が生活を営んでいくためには，絶えずエネルギーが必要であるが，エネルギーの供給源は太陽であって，しかも現在のところ太陽エネルギーを捉えて，無機物から有機物を作り出す能力のあるものは植物の中で葉緑体だけである．この葉緑体をもつ植物が太陽エネルギーによっ

て，二酸化炭素（大気中の炭素は二酸化炭素（CO_2）の形で存在する），水，無機養分などを用いて炭酸同化作用，つまり光合成（11・3節にて詳述）を行い，植物有機物を作り出す．この有機物は植物体量（ある生物群がある期間中に合成または同化した有機物の総量）の増加となって植物の成長に用いられ，一部は呼吸作用によって分解されて大気中に酸素として還元される．植物有機物の一部は動物の食物に供されるが，動物には排泄物があり，やがては死ぬ．植物の大部分は落葉や落枝や枯死木となって地表に落ちる．これらは土中の小動物や微生物（分解者という）によって分解され，CO_2やその他の無機物に還元されるが，CO_2は主として大気中に，その他の無機物は土中に戻って，再び光合成に使用される．以上の循環系を開放系の生態系という．

生物の中で緑食植物のように無機物から有機物を作り出すものを生産者という．動物は葉緑体をもたないので太陽エネルギーを直接固定して活用することはできない．それで太陽エネルギーを固定した植物を食べるか，植物を食べた動物を食べることにより，エネルギー源とする．このような生物体を食物とする生物を消費者というが，直接植物を食べる植食動物を第一次消費者といい，第一消費者を食べる肉食動物を第二次消費者という．また，第二消費者を食べる肉食動物を第三次消費者というが，最高次消費者は人間となる．

生態系を構成するのは生物だけではない．生物をとりまく大気や水や土壌の無機物（非生物的）環境も加わる．そして，温度や圧力や風や水流が大きく関係し，そのほかの無機物的要素も加わる．無機的環境は相互に循環し合い，生物の存在がそれを助けているのであるが，生態系が保たれていくには，以上の物質循環の系統がうまく働いていることが必要であり，生産者，消費者，分解者が，それぞれの役割を十分に果たさなければならない．そのうちの一つが欠けても生態系は崩れる．人間も生態系の消費者の一員であり，地球生態系の中の主要な役割を果たしているが，人間だけが特別扱いされるものではなく，したがって，文明という名のもとに自然を破壊するようでは，やがて人間の生活がおびやかされる危機が生ずる．なお，大気は自由に流動していて，たえずかき混ぜられて平均化されているので，陸上の生態系は常に等しくCO_2の供給を受けており，炭素の絶対量が不足することはない．開放系の生態系の構造について図11・1に示す．

（b）**半開放系**　　土壌の中の植物栄養としてもっとも必要なのが窒素であって，その循環が半開放系である．窒素はもともと大気中に存在するが，土壌

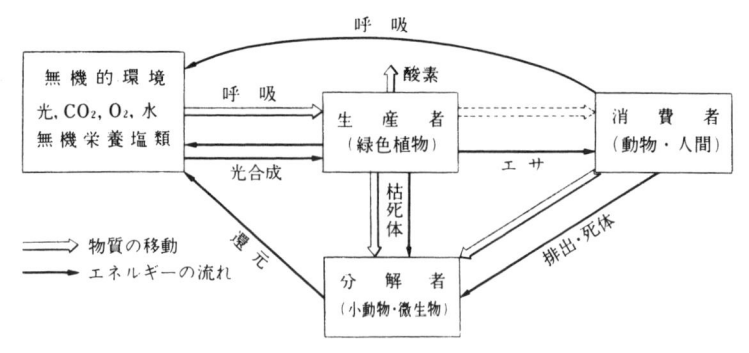

図11・1 開放系の生態系（炭素の循環）

中のバクテリアの作用で土壌中に固定されており，植物の根から吸収されて植物の成長に用いられる．開放系と同じように，動物の排泄物や死体，植物の落葉や落枝や枯死木となって土壌に戻り，分解者によって分解されて土壌中に固定されて循環する．植物に吸収される窒素は，空気中に存在して植物に吸収される炭素と異なって大部分が土壌中に存在ものであり，植物に吸収されたときは枝や葉に存在することが多い（図11・2参照）．

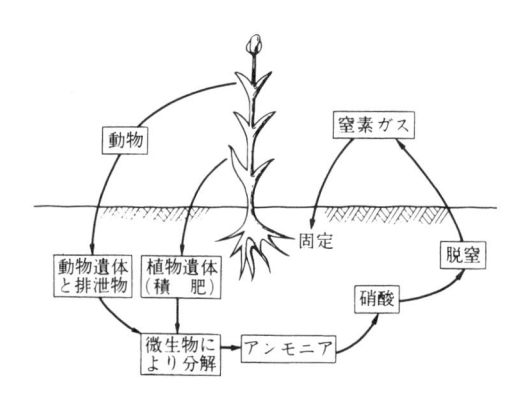

図11・2 半開放系の生態系（窒素の循環）

（c） **閉鎖系**　土壌 → 植物 → 土壌と循環するもので，大気とは全然関係なく閉鎖型に循環する．土壌中のカリウムやリンなどの無機物は植物の成長に必要なものであるが，大気中には存在せず，岩石の風化したときに生ずる．半開放系と同じように，植物の根から吸収されて植物の成長に用いられ，動物の排泄物や死体，植物の落葉や落枝や枯死木となって土壌に戻り，分解者によって分解される．以上が繰り返される．

（3） 森林生態系

　生態系の中で典型的なものとして森林生態系があり，その主体は樹木であるが，樹木は長寿で一本一本が大きくなるため，樹木が集まって作る群落はかなり大規模となる．これを森林といい，低木層や草木類が結びついて植物共同体を形成する．生産者は主として樹木であるが，消費者として鳥獣が棲息し，分解者としてミミズ，昆虫の幼虫，トビムシなどの微小動物，カビ，バクテリアなどの微生物が，主として土壌中に棲息して地表に落ちる有機物をかみ砕いて無機物へ還元する作用をしている．そして，生産者の主体である樹木の生産力は生態系の中でもトップクラスで大きく，消費者としての動物類も豊富で大型動物も棲息することがあり，したがって，樹木の落葉落枝や枯死木も多く動物の排泄物が多いことから地表への有機物の供給量も多い．さらに分解者としての微小動物も多く活発に活動していることなどから，森林の中では物質循環が順調に行われている．

（4） 時間的植生遷移

　土が掘り起こされた裸地とか，放置された空地には月日が経つと自然に草が生えてきて，さらに経過するとクロマツなどの基本植物が侵入し，最後には森林となっていく．これらの変化は人間が手を加えて起きるものではないし，またその地域の気候の変化によって起きるものでもない．時間とともに環境は次第に変化して，現在ある植生が適さなくなって，別のその環境に適した植生が入ってくる．その結果として，当初の植生は消滅して，新しい植生が後を引き継ぐこととなる．自然状態のまま放置しておくと，植物群落は年月とともにある決った方向へと移り変わっていく．このような，ある植物群落が他の種類の群落に置き変わっていく植生の移り変わりを遷移といい，時間的に変わることから時間的植生遷移という．これを図 11・3 に示す．

　なお，火山灰や溶岩などが堆積したような完全な裸地から出発する遷移を一次遷移といい，田畑を耕したあとや，山火事や洪水のあとなどのように，遷移開始時期にすでに地中に植物の種子や根など若干の生物がある裸地から出発す

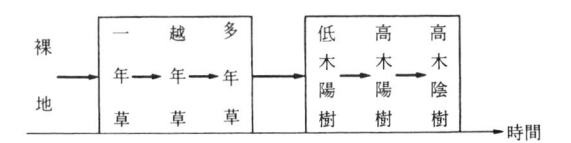

図 11・3　時間的植生遷移

る遷移を二次遷移という．

（5） 距離的植生遷移

　たとえば，道路を森林の中へ通したときに人為的な力を土地に加えたこととなるが，その影響がさほど大きくない場合に，立地本来の自然植生の代わりに人工的な植生が行われることにより（代償植生という），人為的植生が道路の周辺に生えてきて，時間的植生遷移と同様の植生遷移が距離的にもみられるようになる．これを距離的植生遷移という．これを図 11・4 に示す．

　普通みられる緑の自然とは，この代償植生であり，遷移の途中にある．途中で外力を加えなければ植生は進行的遷移を行っていき極相に達するが，人間が絶えず外力を加えると，消失するような遷移つまり退行的遷移を起こし，植生の破壊をもたらす．なお，極相とは，さまざまな遷移段階を経て，永続することのできる一つの植生が発達して，遷移の終着といえる安定した状態をいい，特殊な場所を除くと，植生の極相は森林の場合が多い．

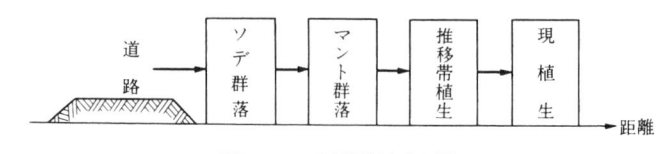

図 11・4　距離的植生遷移

11・3　森林の機能

（1） 林産物の供給

　いろいろな材料の中で，鉄鋼やコンクリートやプラスチックなどに比べて木材は最も工作しやすい材料であり，しかも，日本人にとっては感覚的な憧れでもあり，嗜好にもよく合う．また，燃料として木材が使われるのはわが国ではわずか数％にすぎないが，世界的にみると 40％を超えている．

　木材を原料としてみると，人類の生活上欠くことのできない紙が原料のほとんどを木材に依存している．また，樹木の特殊部分を化学的に利用する例として，ウルシやタンニンなどがあり，クリなどの果実類，マツタケやシイタケなどのキノコ類なども林産物の中に入る．

（2） 大気浄化作用

　森林が行ういちばん大きな作用が大気浄化作用であって，炭酸同化作用つまり光合成を行う．人間を主とする動物からみれば有害な二酸化炭素（CO_2）を

緑色植物が吸収して，人間や動物に必要な酸素を逆に供給してくれる．これを化学式で示すと次のようになる．

$$6CO_2 + 6H_2O + 677.2 \text{ kcal} \underset{呼吸}{\overset{(光エネルギー)\ 光合成}{\rightleftarrows}} C_6H_{12}O_6 + 6O_2 \qquad (11・1)$$

$$C_6H_{12}O_6 \longrightarrow C_6H_{10}O_5 + H_2O \qquad (11・2)$$

なお，光合成のまったく逆が植物の呼吸であって，このときには光エネルギーは必要としない．

上式で計算すると，264 g の CO_2 と 108 g の水は，677.2 kcal の光エネルギーを用いて，光合成により 180 g のグルコース（$C_6H_{12}O_6$）を生産するとともに，192 g の酸素（O_2）をも放出する．さらに 180 g のグルコースからデンプンまたはセルロースといった植物有機物（炭水化物）を 162 g 生じるとともに，水分も出す（蒸散という）．

以上から植物体 1 kg を作ろうとすると，CO_2 1.63 kg を必要とし，逆に酸素を 1.19 kg 放出することとなる．仮りに，ある森林で年間 1 ha あたり 30 t の植物質生産量があり，植物の呼吸量が 20 t あって大気中に CO_2 として還元される場合に，純生産量は 10 t となり，CO_2 は 16.3 t/ha 吸収されて，酸素は 11.9 t/ha 放出される．現在の地球上では，CO_2 を吸収する光合成と CO_2 を放出する呼吸とは均衡がとれているとされている．なお，人間の 1 人あたり 1 日平均の酸素必要量は 0.75 kg で，放出する CO_2 は 1 kg とされているが，ほかに動物の呼吸もあり，石油や石炭などの燃焼による CO_2 もあり，自動車の排気ガスによる CO_2 もある．東京都の例では，空気中に放出される CO_2 のうち，人間の呼吸によるものは全体の 10 % に過ぎないとされている．

上記のように，植物は葉の気孔で呼吸し，CO_2 を吸収して酸素や水分を出しているが，呼吸のときに CO_2 のほかに，亜硫酸ガスや，二酸化窒素などの大気汚染ガスも一緒に吸い込む．ガスの吸収能力は植物によって異なるが，水分の放出（蒸散）量の大きい植物ほどガスの吸収能力は大きいとされている．つまり，育てるのに水を多く必要とする植物ほど，ガスを吸収する能力は高い．以上から，森林は空気浄化機能をもつので，森林では空気はきれいであり，都会では空気は汚いのである．しかし，酸素の量だけからみると，地球全体からみて，大気は循環していて都会へ周辺部から酸素が送り込まれることにより，都会で酸素が不足することは生じない．

上記のように樹木は CO_2 を吸収し，光合成をして，樹木が成長するとともに，酸素を放出する．熱帯雨林は光合成による樹木の成長は大きいが，シベリアなどの寒冷地帯のタイガの森では光合成が少なく樹木の成長は小さい．その分だけ酸素の放出は大きいので，酸素だけを考えれば，熱帯雨林よりもタイガの森の方が地球の環境にとって重要である．タイガの森の伐採により酸素の供給の減少が心配されている．

(3) 水質浄化作用

林地や草地では汚水が流れ込むと，水が地中を通ってくる間に，土と木の根で水が浄化される．通常の汚水処理では，ほとんど減らすことのできないリンや窒素でも土壌に吸収されて，やがては，栄養として植物の根から吸収される．さらに，樹木があると，土がふかふかになっていてスポンジ効果があり，土の浄化能力を長持ちさせる．ただ，汚水量と面積とのバランスが悪いと目づまりを起こしたり，栄養が良すぎると肥満体の樹木ができたりする欠点がある．

(4) 治山治水作用

わが国は山国で，急斜面が多いうえに雨量も多いことから，台風時や梅雨時などに一時的な出水に出会うと，山崩れを起こして土砂や岩石を押し出すことがある．このような場合，水のほかに土や石などが混った土石流となって大きな破壊力を発揮する．森林では，木の根が網の目のように土中に分布して，土や石をしっかりと抱きしめて，土砂が崩れたり流れ出すのを防いでいる．また，木の根が土中に隙間を多く作って雨水の浸透能（ある一定時間内に土壌の表面を通過して水が土中に吸収される最大量をいう）が大きいことから，降雨が一度に流出せずに土中に一時的に貯蔵される．降雨の一部が一時的にしても森林内に貯えられることにより，下流域の急速な増水および，それに伴う洪水が防止される．このように，森林で山が覆われていると，樹木と土壌を含めた森林自体が水を一時的に貯溜する海綿のような働きをして洪水を緩和する．

北朝鮮の大雨による被害が多いのは山林の伐採による．

(5) 水源涵養作用

森林中に貯蔵された水は，やがて地下水として徐々に流れ出すので，森林地帯の下流の河川は比較的流量が安定していて渇水の心配は少ない．

森林には，(3)項で述べた濾過装置の役割を果たして水を清浄にする水質浄化作用のほか，(4)項で述べた洪水緩和作用があり，この渇水緩和作用を合わせて，河川の流量を一定に保つダムのような機能をもつ．

(6) 気象緩和作用

森林は気温をやわらげる効果をもつ．林外に比べて林内では，気温にしても湿度にしても，変化の幅がかなり小さい．年間の湿度差が林外より林内の方が小さい．夏に裸地から森林の中に入ると涼しさを感じるのは，このためであり，林外の地面温度と林内の地面温度の差が5℃もある場合がある．

森林だけではなく，植物の葉はすべて赤外線を多く反射するうえに，葉の気孔から水分を蒸散させるので，葉温が気温より1～4℃低くなることが多い．ビルなどでツタを外壁に這わすのは，夏に屋内の温度を上げないようにするためのもので，立体緑化と呼ばれている．市街地で緑のない地域と100％緑地の地域の表面温度とは約10℃も温度差があるとされ，気温の差も大きい．

(7) 煤塵と粉塵の防止作用

煤塵とは自動車の排気ガスのように，不完全燃焼によって生ずる液体の微粒子をいう（第6章にて前述）．植物は葉を主として煤塵を吸着させる能力をもつ．粉塵は個体の微粒子で，林の層が厚いときに防ぐことができる．粉塵には土のほか砂や岩屑などがあり，風に乗って運ばれるが，林にぶつかると風の力も弱まり，微粒子も樹木や葉などに当たったりして地上に落下する．ほかに雪や雪崩や落石なども防ぐこともできる．

(8) 騒音防止作用

森林は防音壁のような遮音効果を期待することはできないが，森林は"静か"という心理的効果があり，緑のカーテンで音源をみせさせないことから，騒音が耳に達しても，心の中に安心感を与える効果がある．

(9) 防風防火作用

家屋の周囲に樹木が林のように設けられていると，地表部では樹木の風に対する抵抗と風を上方にそらす作用によって，地表付近の風速を減らす作用をして，防風林として役立つ．都市部では屋敷林や生垣が火災の延焼を防ぐという防火性がある．これは，乾燥した木材は常温で平均13％の水分しか含んでおらず，熱を加えると水分が蒸発して260℃ぐらいで着火することから，木造家屋なら1 m²あたり1時間に4000 kcalの熱を受けると燃え出すが，生木は平均60％の水分を含んでいるので，火に弱い樹木でも12000 kcal，約400℃まで耐えられる．そして，樹木は炎上しても立ち消える特性もある．

(10) レクリエーション効果等

人間は本来心の中で良質な緑をもつ森林に対して，ある種のあこがれをもっ

ており，自然に帰りたいという願望をもっている．都会の喧燥から逃れて自然に帰る快感にひたるために，ハイキングや釣りなどを選ぶ．緑を見ると落ち着くとか，ほっとするなど緑の心理効果がいわれるが，これは緑という色彩の問題ではなく，環境や雰囲気や大気の状態などが大きく原因している．このように，森林は保健教育やレクリエーションなどの場として認められている．このほか，森林は景観を形成する機能や，生き物の生息する場所の形成などの環境保全的な機能も有する．

11・4　自然環境保護

わが国は国土は狭いものの，世界でも稀にみる変化に富んだ地形を呈しており，亜熱帯から亜寒帯に至る南北に細長い島国であることから美しい国土に恵まれている．しかも，気候は比較的暖かく，雨量も多いことなどから，多種多様な植物を生み，野鳥も多く生息している．

このように，わが国は自然に恵まれた国土であるが，可住面積が狭くて人口が多いという欠点から，世界第2位という経済力は自然に対して種々の形で影響を与え，いわゆる自然破壊という現象がみられるようになった．そこで，美しい国土の自然環境を保護するために，自然環境保全法，自然公園法，文化財産法などにより，各種の処置規制が行われている．

（1）　地形地質

一般地形や水底地形などの地形に関するものや，一般地質（表層地質土壌）や堆積物の状況など地質に関するものを地形地質という．地盤沈下も地形に関するものに含まれ，土壌汚染も地質に含まれる．地形の改造や切土盛土や護岸埋立のときに地形地質が問題となる．

地形地質に関して問題が発生するのは，特異な地形地質および学術的に貴重な地形地質が存在する場合で，とくに文化財保護法に基づく天然記念物（地質および鉱物）の存在する場合には，これを保存する必要がある．このほか，自然災害を防止するために地形地質に変更を加えることが規制されている．急傾斜地の崩壊による災害の防止に関する法律に基づく急傾斜地崩壊危険区域，建築基準法に基づく災害危険区域，砂防法に基づく砂防指定地，地すべり等防止法に基づく地すべり防止区域では規制される．

（a）　**自然環境保全地域**　　自然環境の保全を図るために，自然環境保全法

により設けられるもので，国が指定するものに，自然環境が人の活動によって影響されることなく，原生の状態を維持することが必要な原生自然環境保全地域と，自然環境を保全することが特に必要な区域として自然環境保全地域とがある（環境省のホームページ（http://www.env.go.jp/kijun/index.html）を参照）．このほか，都道府県が指定する自然環境保全地域がある．なお，原生自然環境保全地域は利用のことは一切考慮されない．

（b）自然公園　自然公園には，自然公園法に基づいて，国が指定する国立公園と国定公園とがあり，都道府県が指定する都道府県立自然公園がある．国立公園は，わが国を代表する傑出した自然の風景地を指定するものであり（環境省のホームページ（http://www.env.go.jp/kijun/index.html）を参照），国定公園は，これに準ずる風景地を指定するものである．また，都道府県立自然公園とは，都道府県の風景を代表する風景地を指定するものである．

なお，自然公園は，民有地であろうと国有地であろうと，土地の所有に無関係に，広大な自然の風景地を公園的に利用しようとする地域制の公園であって，都市公園のように，国や地方自治体が土地を所有し，営造物を設ける人工的な公園とは異なる．よって，自然公園と指定された地域には，国有地もあれば地方自治体の所有地もあり，私有地もある．また，土地利用にもいろいろあって，森林や原野の自然だけではなく，農地や牧場などもあり，果ては人々の住んでいる集落まで含まれている．自然公園に指定されると，自然環境保護のために私有地であっても，勝手な土地利用は規制されるのはもちろんである．しかし，公園の名にも示されるように，レクリエーションや国民の保健休養の場としての利用されることも重要であるので，利用のための道路などの公共施設が必要であり，自然環境保護との関連から調整されて，建設される．

（2）動　物

経済の発展に伴う各種の開発が行われ，樹木の伐採や地形の改造や切土盛土などの影響があって，人々の周辺から野生の動物の姿が消えつつあり，これが自然界の相互に影響しあって，バランスを維持している状況を崩すこととなる．果ては自然を滅亡させることになりかねない．それで，鳥獣保護および狩猟に関する法律により，捕獲を禁止または制限するために銃猟禁止区域区域などが設けられるほか，生息環境の保全を図るために鳥獣保護区が指定され，特別保護地区を設けることにより，水面の埋立や干拓などが規制されている．

さらに，人工的に野鳥の森を整備して生息環境の向上を図るほか，絶滅のお

それのある鳥類については，特殊鳥類の譲渡等の規制に関する法律により規制し保護している．このほか，11・1節で前述したように，渡り鳥についても，国際間で渡り鳥保護条約を結んで保護したり，ワシントン条約により国際条約を結んで国境を越えて生息する動物を保護するとともに，乱獲防止の見地から国際取引にも一定の規制を設けたりしている．

　文化財保護法に基づく天然記念物としての動物もあり，また，環境省の行う自然環境保全基礎調査動物分布調査による特定動物が学術上重要な動物とされており，これらを保護する必要がある．

（3）植　　　物

　文化財保護法に基づく天然記念物としての植物のほか，環境省の行う自然環境保全基礎調査特定植物群落調査による特定植物群落についても保護する必要がある．

（4）温　　　泉

　わが国は世界有数の温泉国であり，国民から保養や休養とレクリエーションの場として，大いに利用されている自然の恵みである．この自然を活用するために，温泉資源の保護と適正な利用を図る必要がある．

11・5　植生影響調査

（1）人里植物

　人里植物というのは，天然の森林などとは異なって，人間が社会活動するために必要とする植物をいう．そのなかで，とくに近年外国から渡来したものを区別して帰化植物ということがある．この人里植物は自然にではなく，人間によって人工的に持ち込まれた植物であることから，人里植物がどれだけあるかを調べることにより，植生がいかに人工的に破壊されたかを知ることができ，人里植物を人為攪乱の指標とすることができる．

　人里植物率の高い場所は，表土のない土地や幹線道路沿いやゴルフ場などで，植生に人手を加えた場所である．人里植物率の低い場所は，造林地や二次林や自然林や採草だけの草原などで，植生への人工的影響の少ない場所である．

（2）二次遷移初期の群落と遷移系列

　耕作した跡地とか洪水を被った跡地などをそのままに放置すると，草本植物群落から陽樹林を経て最後に陰樹林となる．これらの群落は種類の組成や諸性

質が変わるものであり，また，群落中の動物集団や環境などが変わるものであって，このような植物群落の時間的植生遷移の変化を遷移系列という．

遷移系列は土地によって異なるので，土地ごとに構成種を把握して遷移系列を調査する．攪乱度の高いのは造成地周縁や土取り跡地や市街地など，遷移の時間があまり経っていない土地で，ヨモギやオオバコやヒメシオンなどの背の低い草本植物が生育している．年月がある程度経過して攪乱度の中ぐらいになると，背の高い草本植物が生育して低木林も見られるようになる．さらに年月が経過すると，攪乱度が小さくなって，低木段階のカラマツやアカマツやミズナラが生育するようになり，高木段階へと移っていく．

その土地の遷移系列を知ると，どんな植物を植えると自然への回復が早いかがわかるので，建設工事などによって止むを得ず破壊した植生を急速に保護回復するときに有利となる．

(3) 群落調査とベルトトランセクト調査

群落調査とは，建設工事に伴う植生変化の影響把握のために行う植生把握の調査をいう．ベルトトランセクト調査とは，建設工事後に直角方向にベルト状に植生を調査することをいう．

ベルトトランセクト調査は，建設工事による伐採によって発生する自然植生の中になかったような切跡群落や，森林と伐採跡との境界あたりにできる林縁植生などを調査するものである．これら伐採などによって自然植生がなくなった後で，二次的に自然にできる群落を二次林というが，この二次林の種類も時とともに種類が増えてくる．そして，二次林は自然植生の中で伐採跡に近いほど多く，遠くなるほど少ない．これらのことから，影響を受けた植物群落の種類によって，直接的な影響幅を知ることができる．

(4) 植生影響調査法

(a) 階層構造による影響調査 階層構造というのは，森林を構成している樹木の高さに注目して，高木層（樹高 10 m 以上），亜高木層（樹高 5〜10 m），低木層（5 m 以下），および草木層に分ける．森林が伐採されたときに，森林植生は草木層から低木層，亜高木層，高木層へと植生は元に戻ろうとする．伐採された周辺に高木層や亜高層が存在するときは，伐採による直接的影響はないが，低木層や草木層が存在するときは，それだけ伐採によって直接的影響のあったことを示している．

(b) 種組成による影響調査 種組成とは，伐採による影響が残っている

とすれば，草木層，低木層，亜高木層，高木層に，それぞれ対応する植物が存在することをいう．たとえば，伐採部に近い林縁部には光を好む植物が生え，少し入ったところに林縁植生があって，影響がないと思われるところに森林種が存在する．

(c) **種数による影響調査** 森林が伐採を受けると，伐採部と森林との間に林縁植生ができるが，森縁植生には差があって，一つは林内が明るい場合であり，ほかは樹冠（森の頂部をいう）が密生していて林内が暗い場合である．前者の場合には，林内が明るいために伐採前から林縁植生が入り込んでいることが多く，伐採による新しい林縁植生の発達状況がはっきりしない．後者の場合には，樹冠のために光が遮られて林縁植生は少ない．以上の差はあるが，伐採によって伐採部と森林との間に林縁植生が発生して，植生の種類が増える．種類の変化がはなはだしいことは，影響の大きいことを示し，一定であることは影響のないことを示している．

(d) **類似度による影響調査** 伐採部から直角方向の類似度を求めるもので，類似度指数が高いほど影響が少ない．類似度指数は次式で示され，植物の群落の種類構成の似類性を量的に表現するものである．

$$類似度指数（\%）=\frac{2W}{a+b}\times 100 \qquad (11・3)$$

ここに，a：一つの共同体に含まれる各種の量の合計
　　　　b：他の共同体に含まれる各種の量の合計
　　　　W：両共同体の共通種のみについて，両共同体のうち量の少ない方の値だけを合計したもの

(e) **生活型組成による影響調査** 植物は一つの進化の過程のなかで，周囲の環境に適応して成育する結果，それぞれの生活様式をもっている．植物にとって最も環境条件の悪い時期である冬芽のときから生活型組成を表現する．生活型組成の順は，一年生植物，地中植物，半地中植物，地表植物，低木，亜高木，高木となる．生活型変化は植生遷移や階層構造と同じような変化をしているが，一年生植物がなくなっている個所を限界として森林植生になっていると考え，この個所から影響幅員を求めることができる．

(f) **植生自然度調査** 植生を評価する指標として植生自然度があり，これを調査することによって影響の程度を知ることができる．植生自然度の分類基準は表11・1に示したように10段階に区分されている．

表11・3 群落別の復旧度（復旧必要年数）

復旧度(復旧必要年数)	亜寒帯	冷温帯	暖温帯
5 (100年以上)	シラビソ・オオシラビソ群落 コメツガ群落	ブナ群落 イヌブナ群落 ウラジロモミ群落 クロベ・ヒメコマツ群落 サワグルミ群落 シオジ群落 ハルニレ群落	モミ群落 ウラジロガシ群落 ケヤキ群落 アラカシ群落 スダジイ群落 タブ群落
4 (50年以上)	ダケカンバ群落 (亜高山帯上部)	ヤナギ高木群落 ハンノキ・ヤチダモ群落 ハンノキ群落 ヤマハンノキ群落 ミズナラ・リョウブ群落 カシワ群落	トベラ群落 フサザクラ群落 ハンノキ群落 シイ・カシ萌芽群落
3 (数十年以上)	ダケカンバ群落	アカマツ群落 ヤナギ低木群落 ヒメヤマシャブシ・タニウツギ群落 シラカバ群落 ニシキウツギ・ノリウツギ群落	ヤナギ群落 アカマツ・クロマツ群落 コナラ群落
2 (5年前後)	ササ群落	フジアカショウマ・シモツケソウ群落 フジアザミ・ヤマホタルブクロ群落 ササ群落 ススキ群落	ササ・タケ群落 ススキ群落 ヨシ群落 オギ群落 コウボウムギ群落 ハチジョウススキ群落
1 (数年)	伐跡群落	伐跡群落	伐跡群落 路傍

（g）**復旧度調査** 復旧度とは一定の群落形成に必要な時間を基準にして設定したものをいう．表11・3に示す分類基準は，復旧に要する年月を5段階に区分したもので，これにより群落の種類の復旧度を知ることによって，当該群落の植生への影響の程度を知ることができる．

11・6 道路緑化と道路景観

道路は周辺環境との景観的調和を図り，地域全体からみての景観が道路によって壊されることのないようにしなければならない．そして，道路を新しく建

設することによって，以前とは異なった新しいより良い地域景観を作り出すように道路の計画設計と道路緑化を行う必要がある．また，道路緑化を行うことにより，運転者の視覚からほかの不必要な視界を遮断し，道路の美観を高めることにより，運転者に対する心理的効果をも期待し得る．なお，道路緑化は排出ガスや粉塵に対してもある程度の効果はある．

　道路緑化は普通植樹帯に植栽されるが，このほか，切土や盛土の法面(のりめん)も利用される．切土した後の法面にセメントモルラルの吹付けなどを行うのは適当でない．切土お盛土の法面に植樹するときには，必要に応じて緩やかな勾配とする．ことに切土の場合において，切土の地表線付近に丸みをもたせて（ラウンディングという）自然の地形のような感じを与える．そして，切土する前に生えていた樹木を仮移植し，表土の腐食土を仮置きし，切土した法面は法枠などで押さえて，仮置きした表土の腐食土を元に戻し，さらに，切土前に生えていた樹木で利用できるものを植栽するとともに，新しく必要な樹木をも加える．

　植栽は普通の場合に苗木を植栽し，数年後に完成するように計画するのが樹木の活着や経済性などからみて最も望ましいが，上記の例や高い樹木などを当初から必要とする場合に，完成木を設置しなければならないときがある．苗木の場合はもちろん，特に完成木の移植にあったては，植栽時期や土壌条件および保護養生に十分注意する必要がある．

研 究 課 題

11・1　第一次消費者，第二次消費者，第三次消費者について説明せよ．
11・2　遷移について説明せよ．
11・3　光合成について説明せよ．
11・4　森林は治山治水作用があるとされるが，その詳細を説明せよ．
11・5　都市公園と自然公園はどこが異なるか．
11・6　道路緑化を考慮した道路景観について，自分の考えに基づいてデザインしてみよ．

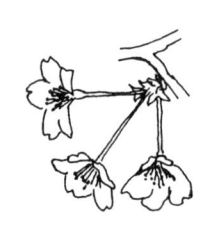

第12章 自 然 破 壊

12・1 開拓による熱帯雨林の破壊

　人類誕生の頃は陸地の40％は熱帯雨林に覆われていたという．ところが，人口の増加につれて森林の伐採が進み，最近では，毎年1700万haもの熱帯雨林が伐採され消えているという．この面積は日本の国土面積の45％にあたる．1981～1990年に破壊された熱帯雨林の40％は中南米で，30％はアジア太平洋地域である．現在地球上に残っている熱帯雨林は29億7000haで，陸地の20％を占めるに過ぎない（図12・1参照）．

図12・1　熱帯雨林の分布[47]

　熱帯雨林が伐採されている地域は，南米ではアマゾン流域，アンデス山脈地帯，ブラジルの大西洋沿岸地帯，アジアではインドネシア，フィリピン，マレーシア，アフリカ中部ではコンゴ，ギニア，マダガスカルに多い．これは周辺住民の人口急増と困窮化によって，多くの人々が森林を切り開いて農地を造成するのが原因であり，この開拓による森林破壊は全体の75％を占めている．

12・2　建設工事による自然の破壊

　わが国は戦後，経済復興と社会基盤の充実に努めた．その結果，昭和40年代の初め頃には，ある程度の目鼻がつくまでに至ったが，その跳ね返りとして

公害問題が大きくクローズアップするようになった．騒音，大気汚染，水質汚濁，地盤沈下，土壌汚染などである．これらは当時では未知の事柄であったが，これを契機として公害対策，つまり環境問題が重視されるようになった．

ここで，公害の一環として，あまり人目に付かない問題が発生している．それは，社会基盤の建設に伴って自然破壊が進んでいたことである．

社会基盤整備の目鼻が付くようになると，建設は平地から山地で行われることが多くなるようになった．自然破壊が生じ，目立つようになったのは，この頃からである．その第1号は"富士スバルライン"の建設開通からである．

富士スバルラインが開通して間もなく，標高800〜1000m以上の道路の沿線の周辺で樹木の枯れるのが目立ちはじめ，だんだんと広がるようになった．原因調査の結果は，道路の建設による地形などの変化が，周囲の自然環境に大きな影響を与えていたことがわかったのである．

同じ頃に，沖縄県先島諸島の西表島の標高の低い山間部の道路建設が大きな自然破壊をもたらし，中止するに至った事件も起きた．これらの原因調査から，建設工事による自然破壊に対して対策が講じられるようになった．ただし，これらは官公庁の工事に限定されていた．昭和40年代のことである．

ところが，リゾート法の成立で，全国でリゾートブームが起き，ゴルフ場が各地で計画されるようになった．たとえばゴルフ場の面積は，千葉県を例にとると，千葉県の面積の4％を超えた．

12・3　地形変更による自然破壊

大規模な地形を改変した場合，森林を伐採して切土や盛土により地球が加工されることになる．そのことが巨大な「緑の破壊」をもたらし，保水機能が低下し，表流水が変化し，集中豪雨時などおける崩壊や土石流の発生により防災機能が低下し，河川の浄化能力が低下して水資源へ影響を及ぼし，地下水が変化し，気象の変化が起こり，生態系が破壊される，などの自然環境保全の面に大きな影響を与えることになる．

山地におけるゴルフ場開発などのリゾート施設の計画に際して，森林を伐採するだけでなく，地形や自然をいじって，山を削り沢を埋める大土工量となって地形を改変することから，切土や盛土の崩壊しやすい斜面を増やすことになる．切土・盛土の法面の安定などの防災に関する対策を必要とする．

ゴルフ場などスポーツ施設は，原地形をそのまま利用した人工改変の極めて少ない原地形利用型であることが望ましいが，開発が進んで適した地形の敷地はほとんどなくなり，今まで何も利用できなかった起伏に富んだ複雑な地形や複雑な地質からなる土地が次第に開発の対象となってきたのである．地形の起伏量が大きくなると，次第に地形を人工的に改変する程度が大きくなる．

12・4 切土(きりど)による影響

切土法面の法肩に近い樹木は，直接伐採されなくても切土によって根を断ち切られ，水分の吸収量が減って枯れやすくなり，また風による樹木の揺れが生じるようになる．切土によって水の流れの変化は，表面水の流れが変わるだけではない．地下水や地下水による毛管水は，切土によって従来の水脈を断ち切られ，切土の法面に湧水としてでるか，または地下水の流れが変化して以前よりも深く潜行したりする．このために切土付近の植生は，それまで補給されていた水分が断たれて水不足となり，降雨による水しか期待できず，枯れやすくなる．なお，切土した土を同じ断面で盛土に用いる場合がある．この場合に，盛土側も水位の変化が生じて水分が不足すると考えられるが，切土側に比べると毛管水などにより水分を確保できることから枯れることは少ない．

切土面が岩質の場合の処理として，モルタルを吹きつけた場合に，人工物なるがゆえに自然との違和感があって景観上も見苦しく，しかも，人工物によって表面水流が変化して切土の法肩付近の土壌が乾燥したり，人工物に日光が反射して周辺の気象を変化させて，周辺植生に悪影響を及ぼし，自然の破壊につながることもある．吹きつけにしても，擁壁にしても，夏の気温が30℃のときに，日射によりコンクリート表面の温度が60℃を超えることがある．

切土法面が背景に対して大き過ぎると感じるのは，切土法面の高さが背景の山の高さの1/3ないし1/4を超えた場合である．それで，切土によって生じる法面は，なるべく緩やかな法面とし（3割から4割の勾配が最も望ましい），切土の地表線付近に丸みをもたせるラウンディングを行ったり，法面勾配の傾斜を段階的に緩和させたりして（グレーディングという），現地形にすりつけることにより，切土法面を意識しないで自然の地形のような感じを与えて周囲の地形と馴染ませるようにするとよい．

切土法面は，降雨に際して崩れないように張芝や種子の吹き付けにより処理

第12章 自然破壊

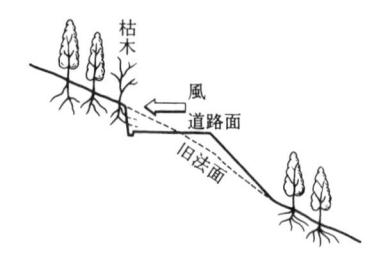

図12・2 切土部の枯木

することが多いが，それよりも斜面の安定を確保したうえで，現存の周辺の植生と調和した植栽（樹木を含む）により法面処理を行うとよい．この植生工は，時間の経過とともに法面の植生が周囲の自然植生に推移するので，周辺の環境や景観との同化をはかることができ，付近の緑との視覚的な連続性を保つことができる（図12・2参照）．

12・5 盛土による影響

切土した土を同じ断面で盛土した場合に，盛土の法面の長さが長くなることが多い．そして，その長さの分の植生が破壊される．樹木を伐採するだけではなく，工事中に建設機械などによって傷められて枯れることも多い．

盛土によって生じる法面は，切土と同じように処理する．なるべく緩やかな法面として，周辺の地形と馴染ませたり，降雨対策として施工する筋芝や土羽

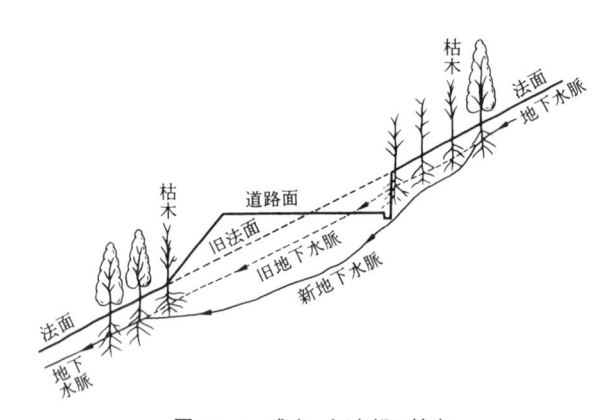

図12・3 盛土・切土部の枯木

よりも，現存の周辺の植生と調和した植生による法面処理を行って，周辺の環境や景観との同化をはかる．盛土法面が切土法面と異なるのは，ラウンディングするのに凹形とした方が景観上好ましいことが多い（図12・3参照）．

12・6 捨土(すてど)による影響

植生の枯れる最大の原因は捨土による．工事のときに能率第一に考えて，安易に土砂を谷側の急斜面に落とす結果，大きな石などが樹木の幹や枝に激突して傷めるだけでなく，急斜面を谷底深くまで土砂が到達する．この土砂によって多くの樹木の根元が埋められて，木としては呼吸困難となり，やがて枯れていく．埋もれて枯れていない木は，捨土の厚さが浅いのか，埋められて日が浅いのか，どちらかであるに過ぎない（図12・4参照）．

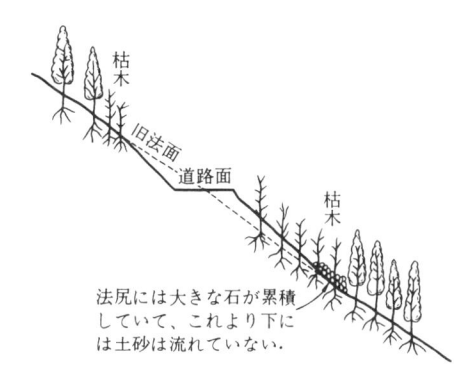

図12・4 捨土による枯木

12・7 地形変化による影響

セメント材料の石灰石の山を崩して地形が変わり，自然のバランスが崩れて気象変化を起こしたり，ダム建設による水面上昇の結果，気象変化を生じたりする例がある．また，あまり地形が変化しなくても，切土盛土や森林の伐採だけでも気象が変化して，自然環境を破壊し，自然景観を損なう場合がある．森林を伐採したときに，どのような影響があるかを次に示す（図12・5参照）．

1） 森林内は気温の変化が少なく一つの恒温室のようになっている．その

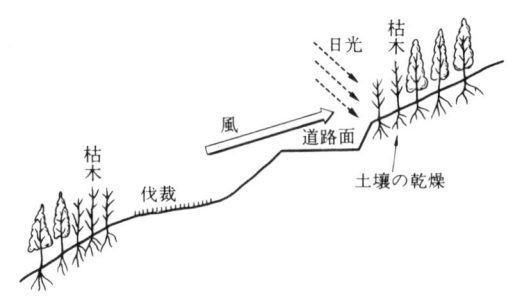

図12・5 環境変化による植生への影響

　森林の中を伐採すると，外気の侵入があって気温の変化が大きくなり，伐採しなかった樹木に微小な変化をもたらす．

2）　森林内を伐採すると，今まで日光が当たらなかった植生に日光が直接当たるようになり，陰性植物に日光が当たるために枯れる．代わりに陽性植物が生育するが，その間は枯木が目立つ．さらに，日照や風によって伐採部の周辺の土壌が乾燥して植生に影響を及ぼし，景観は変化する．

3）　伐採した場所が道路などのように緑地でない場合には，その上の日射による輻射熱が付近の大気の循環に変化を与えて，1）の場合よりも気象条件の変化が大きい．付近に枯死木が出て，周囲の景観は破壊される．

4）　森林内を伐採すると，森林内に一つの新しい空間を作ることになる．今まで風が通らなかった空間を風が吹き抜けて，斜面上部の林の中へ寒気が直接当たり，林内の気温が下がったりする．春先では寒風の樹木に与える影響が大きく霜枯れの危険性があり，また，林内への対流によって林内の気温が下がるという影響がある．

5）　森林伐採により，地表面を流れる水の流路が変わり，降雨のときに雨水の到達時間が短くなって水量が増え，植生に必要な土壌が侵食されて流出し，植生の枯れる心配がでてくる．

12・8　保水機能の低下

　降った雨の一部は蒸発するが，多くは地表流として山の斜面を流れ落ちて川に入っていく．都市化の進んだ流域と，森林の多い自然環境豊かな流域に，同じ雨量の雨が降ったとした場合，都市化流域では，舗装道路や建築物の上に降

った雨はすぐに流出して流出係数が非常に大きい．

　森林を主とする自然流域では，全雨量の約10％が木の葉に吸い取られて徐々に地面に落ち，落葉が厚いカーペットを形成して吸収力のあるスポンジのような表面を作り出し，その腐葉土が地表の凍結を和らげて雨や雪解け水を吸収保持する．さらに，生きた樹木の根は硬い地下の土壌にまで浸透する力があって，その自動作用によって土壌をもち上げ，浸透した水はその隙間から通り抜けて多孔性の地層や地下水脈に達する．

　このように森林では，森林土壌層の浸透能によりジワッと徐々に地下へ浸透して貯留され，ゆっくりと流出することから，雨が小降りになっても流出量は大きく，地下水が豊になることによって，やがて降雨とは関係なしに長い時間をかけて泉などとして流出し，下流の川や井戸に水を供給していく形になる．このように，森林には降雨時の流出量を低減し，降雨のない時の流量を保持する保水機能があるが，樹木の伐採により保水能力が落ちて，都市域と同様に降雨直後の流出量が増加すると，下流に洪水の危険性が増え，雨の降らないときの流量は減少する．また，新しい盛土には保水能力はなく，逆に崩壊する危険性がある．

　降った雨の地下への浸透能力は，森林で258.2 mm/h，ゴルフ場の造成地でも乱伐採地だと49.6 mm/h とされている．森林を切り払ってゴルフ場の芝生とした場合に，自然森林地に対して，ゴルフ場の保水能力は約4分の1に低下するうえに，山間部のゴルフ場は，100～150 ha という広大な森林伐採を伴うことから，大雨のときに下流で洪水になる恐れなど，地域にとって非常に大きな影響を与える．それでゴルフ場は緑の砂漠ともいわれる．なお，道路区域での地下への浸透能力は 12.7 mm/h である．

12・9　河川の浄化能力の低下と水資源への影響

　土壌には微生物がいて，汚物を分解して水の浄化の役目を果たす．盛土などのように土をいじると，土中の微生物に変化をきたし，果ては微生物のいない土壌となったりして水質保全の能力がなくなる．

　川にとっては，雨が降らなくても流れている水量が重要である．これが水資源となり，生活用水（上水道用水）や農業用水や工業用水の水源として使うとともに，川の浄化能力を左右し，魚も安心して生息できるのであり，川の生命

を保っているのである．雨のときに流れる水は流れ去ってしまう無効な水であるとともに，洪水という危険をも伴う．

ゴルフ場では，雨を芝生の下に張り巡らされている配管で集めて調整地に貯めることがある．これは一種のダムであり，地下に浸透することはなく，下流の河川の自然流量を低下させる結果，河川の浄化能力を低下させる．

また，工事中や竣工後でも土質の安定するまでの長期間は，大雨のときに土砂がどうしても流れ出やすくなり水が濁ることが多い．そのために，水源として利用できなくなることがある．そのほか，川底は砂利や砂などが安定していて一つの生態系を長年にわたって形成しているものであるが，そこに土砂が堆積すると，安定した長年の生態系を壊してしまうことがある．

12・10　防災機能の低下

森林で山が覆われている場合には，木の根や落葉や森林土壌の働きによって，雨水がゆっくりと時間をかけて斜面に浸透するので，斜面内の地下水の圧力が急激に大きくなることはない．

木材としての需要の高い人工樹林である檜や杉などの針葉樹の森で，人手不足から間伐が行われない場合に，太陽の光が地面に届かないことから下草が育たない．下草がないと地面は裸地となって，降雨があると，土が水によって流されてしまう．このほか，樹木のない裸地斜面とか，森林が破壊された場合，水の流れる土の中の隙間が塞がれて，雨や雪解け水は地下に浸透できない．すると，雨水は仕方なく斜面を表流水となって流れ出して表面の土を洗い流す結果，山崩れを起こして土砂や岩石を押し出すことがある．また，雨水が地表を流下する間に短時間に継続的に斜面内に浸透するので，浸透した水は一時的に斜面内の間隙水圧を急激に上昇させる．斜面内に浸透する水量は少ないけれども，地下水の圧力を急速に高める結果，これが斜面の崩壊する原因となる．

森林としては，青森県と秋田県に跨る白神山地のようなブナなどの落葉樹であると，防災機能も優れているし，水源地としても優れている．

12・11　酸性降下物（酸性雨）の原因

自動車排ガスや工場などの様々な経済活動の結果，気体として大気中に放出

された硫黄酸化物や窒素酸化物などが，上空を浮遊している間に紫外線などによる化学変化で酸化されて硫酸塩や硝酸塩などとなり，降雨や降雪のときに雨や雪に混入されて強い酸性を示すものを酸性雨という．このほか，霧に混じって大気中の汚染物質を 10 ～ 20 倍も霧の中に取り込み凝縮したものを酸性霧という．酸性霧は，酸性雨に比べて長時間空中に漂っているために，葉や枝や幹に降り積もった酸性物質をゆっくりと溶かすので，酸性雨の 10 ～ 20 倍も酸性度の高い水滴となる．また，ガスとして存在したり，硫酸の煙霧体（エアロゾル）などや乾いた酸の微粒子として地上に落下するものがあり，これらを含めて酸性降下物という．

雨は普通の状態でも空気中の二酸化炭素（CO_2）と反応して炭酸を作っているので多少の酸性を示し，水素イオン指数（pH）で 5.6 前後の弱い酸性である（7 で中性を示す）．しかし，硫酸塩や硝酸塩などが混入すると酸性が強くなる（pH が小さくなる）．なお，pH が 5.6 以下を酸性雨という．

工場などから排出される硫黄酸化物は，石炭の燃焼によることが多い．とくに硫黄含有率の高い石炭を燃焼させた場合には汚染がひどくなる．煙突が低いときには低い上空に滞留して，比較的近い地域に酸性雨（pH 3 ～ 4）として落ちる．また内陸などの盆地で地形上気象上汚染物質が移動しにくい場合にも，その地域に酸性雨として落ちることが多い．しかし，酸性雨の原因となる大気汚染物質は高い上空では数百 ～ 数千 km という長距離をも移動するので，一国だけの問題でなく地球的規模の問題となる．

自動車の排ガスは，バスやトラックや一部の乗用車に使われているディーゼルエンジンが問題であって，これが大気汚染の元凶である．ディーゼルエンジンは常に空気が過剰な状態で使われるために，三元触媒を有効に利用することができず，窒素酸化物やスモークやススなどが大量に排出される．しかし，長所として，ガソリン車に比べて，熱効率が高く，CO_2 も 3/4 ぐらいしか排出しない．

（1） 欧米での問題

酸性雨の被害が初めて問題になったのは，1950 年代に入ってからである．1952 年のロンドンで，亜硫酸ガスと pH 1.4 ～ 1.9 の酸性霧が 4 日間にわたって続き，呼吸器と心臓に障害を起こす人が続出し，4000 人が死亡し，2000 人が病院で治療を受けたという．

大気汚染物質は，イギリスからドイツへ，フランスからドイツやイタリアへ，

さらに東欧へと流される．ドイツやノルウェーやスウェーデンでは，雨水に含まれる硫黄酸化物の 70～90％ は西方からのもらい公害であるとされ，1979 年にはヨーロッパ各国を中心として，長距離越境大気汚染条約が結ばれている．ヨーロッパ全体で降雨の pH は平均で 4.5 ぐらいとされている．

メキシコをはじめとする中南米諸国の工場からは硫化アンモニウムや PCB などの汚染物質が大気に吐き出されて 1 万 km 以上も離れたカナダに達する．そのために，空気のきれいな北極にスモッグが発生する．また，中南米では DDT などの有害な農薬が効率の良いために未だに使われているが，これが大気に乗ってアメリカやカナダに到達し，五大湖の水が汚染されている．なお，アメリカとカナダでは 1972 年にこれらの農薬の使用が禁止されている．

(2) 中国での問題

中国のエネルギーの 70％ は石炭燃焼による．硫黄含有率も高いことなどから酸性雨の被害が多い．1983 年の記録では，四川省重慶市で年間の pH 平均値 4.5，最低値 3，酸性雨確率 85％，貴州省貴陽市で年間の pH 最低値 2.9，江西省南省市で年間の pH 平均値 4.4，酸性雨確率 85％ を示している．

(3) わが国での問題

わが国は石炭をエネルギーとして燃焼させることは中国に比べて極端に少ないことから酸性雨の心配はあまりないものの，中国での汚染物質が，偏西風に乗ってわが国に運ばれるもらい公害のおそれがある．わが国の降雨の pH も平均で 4.5 ぐらいで，pH 4 台の雨が全国的に降っていて，ヨーロッパに似通っている．わが国でも酸性雨が観測されるようになり，酸性雨被害と思われる杉などの樹木の被害も多少みられるようになった．

群馬県の赤城山系では，関東平野の工業地帯から吹きつける南風に乗ってくる霧は，排ガスや工場の煙を取り込んで酸性霧となり，その pH は 3～4 で，最低値 2.9 という強い酸性度を示している．この南斜面の標高が 1000～1400 m にかけての森林のうち，白樺林が枯死するようになり，山頂付近では雑木林に変わりつつある．しかも，その酸性霧の一部が谷沿いに日光白根山まで届き，風の通り道の生育条件の悪いダケカンバなどの樹木が，山頂の標高 2400～2500 m を中心に広範囲にわたって立ち枯れを生じている．

神奈川県の丹沢山系の大山では，南から吹きつける霧の pH は平均 3.57，最低値 2.93 を示している．この南斜面の標高 700 m から 1100 m にかけてモミの木が枯れる現象が続いている．また，北海道の苫小牧市の樽前山麓では，

海上で発生した霧が苫小牧臨海工業地帯を通って運ばれてきて，pH は平均で 4 前後を示している．この森林地帯の標高 300 m 以下の地域では，針葉樹のストローブマツが夏に落葉する異常現象が起こるようになった．

このほか，環境省の調査結果によれば，全国の 29 調査地点で，pH は 4.5～5.5 で，北米なみの酸性度となった．他の調査での最低値は，島根県でpH 3.7，鳥取県で pH 4.2 というのがある．

しかし，わが国の土壌は酸性に強いとされていて，被害はヨーロッパや北アメリカのような深刻さはまだないものの，現在のペースで酸性雨が降り続いて土壌に染み込んだ場合に，若木が育たなくなるという予測もある．もし，湖沼や地下水で被害が出ると取り返しがつかないことになる．現在，酸性雨の被害のひどい地域はヨーロッパ中央部や北アメリカの東部であるが，わが国をはじめとして，世界各地で被害がみられはじめている．

12・12　酸性降下物（酸性雨）による被害

酸性降下物による被害は一朝一夕で生ずるものではなく，長年にわたって蓄積されて被害を生ずる．ことに東欧諸国では，社会主義体制下にあった時代に環境を無視した結果，大気汚染がひどく，川は汚れ，森は死にかけ，国民の平均寿命も 3 年ぐらい低いという．これら被害を次に述べる．

（1）森林の生態系の破壊

pH 3 より強い酸性雨では植物の葉を枯らしたり成長を妨げたりする．しかし，pH 4 台でも長年にわたっての酸性降下物があると，酸性降下物中の硫酸・硝酸イオンが森林の土に沈着して土壌が酸性化し，植物に有害なアルミニウムイオンが土中から溶出する．これを土壌が痩せるという．アルミニウムイオンが 5 ppm で草木の生育に悪影響があるとされている．痩せるだけでなく，土壌の中の昆虫などの小動物や微生物が死んでしまう．この小動物や微生物は土壌に負荷された汚染物質を分解するので土壌汚染を防ぐ仕事をしているが，死んでしまうと土壌汚染が進行して，重金属を中心として汚染物質が土壌中に残るようになる．

この重金属が木の根に付着すると，木の毛細根の活力が低下するだけでなく根が枯れてしまい，木は根から養分を吸収する力を失う．樹木は根がしっかりしていれば気象の変化や害虫に対して強いものであるが，根が弱くなると養分

の吸収が少なくなって植物の成長が抑制される．気象の変化や害虫に対して弱くなり，先端の梢の葉から枯れ，果ては森林が枯れることが多い．

　欧米，とくにドイツの70万 ha に及ぶドイツのシュバルツバルト（黒い森）では，針葉樹を中心として約半分の森林が酸性雨の被害を受け，土壌が酸性化している．なお，シュバルツバルトの東斜面はドナウ川に流れ，西斜面はライン川に流れるので，ドイツ語で清潔とか清らかという意味であるラインの名をとったライン川の水質汚染が心配されている．対策として土壌に中和材の石灰を散布して土壌の中性化を図ることが考えられるが，田畑では多い目に撒いて中和できても，森林では効果は疑わしい．

　旧東ドイツとポーランドとチェコスロバキアにまたがって標高千数百 m のエルツ山脈やスデート山脈の山々が緩やかにうねる山地は，世界最悪の酸性降下物汚染地帯で，「黒い三角地帯」と異名をとる東欧の環境悪化の代名詞となっている．幅数十 km，長さ500 km の狭い三角形の地帯に，3国は公害工場を自国の辺境に押しやった結果，15 の化学工場と，14 の石炭火力発電所と，13 の金属精錬工場が立地した．いずれも西側先進諸国の基準に合致する公害防止設備は皆無である．たとえば，煙突には脱硫装置は一切取り付けられていない．空気は異様な臭いがしてマスクなしではいられない．降り注ぐ硫黄酸化物をはじめとする酸性降下物のために森林は傷めつけられ，針葉樹の96.2％が枯れてしまい，山は枯木で埋まっている（図12・6参照）．

図12・6　黒い三角地帯

（2） 湖沼の生態系の破壊

長年にわたって酸性降下物があると，湖沼の水が酸性化して，プランクトンなどが発生せず，これをエサとする小魚が生きられず，したがって小魚をエサとする魚類が死滅する．また，上述したように重金属が土壌の中に増えると，これが降雨によって流失し，河川を通って湖沼に入り，湖沼に生息する魚類のエラに付着する．これでは魚が呼吸できなくなって死んでしまう．スウェーデンでこのようにして湖沼の生態系が狂って魚類が死滅した多くの例がある．

（3） 農作物の被害

前述の土壌汚染によって木の根を枯らすだけではなく，酸性降下物が直接木の葉や草に付着して病気になったり枯れてしまったりする．米や麦などの農作物も同じで，成長が悪くなって被害を受ける．

（4） 構造物の被害

ドイツのケルン（ラテン語のコロニア，つまりローマの植民地）にある大聖堂は，ゴシック様式を誇るドイツ最大の寺院建築物で，1248年から630年の歳月を費やして完成した中世のルネサンス文明を代表する建物である．第二次世界大戦でもアメリカ軍の攻撃から免れて残った経緯がある．ところが，最近は墨でも塗ったかのように塔や建物全体が真っ黒になって暗く沈んだようになっている．これは長い年月の風化で表面が変色しただけでなく，排気ガスによる大気汚染と酸性雨によって内部からボロボロと崩れているのである．風化はすでに18世紀にはじまり，完成前の1823年には修復工事がはじまっているが，1940年代に入ると被害の進行は一段と早くなった．1985年に西ドイツ連邦政府の調査の結果，酸性雨が石材の間を通って裏に廻り，建築材料の石灰岩や砂岩に予想以上の二酸化硫黄が含まれていることがわかった．これで，酸性雨被害であることが証明され，大聖堂から工事の足場が外されることなく修復工事は続いていて，その費用は新築するのと同程度といわれている．ドイツでは自然と町並みの色彩が見事に調和しているのが特徴で，ロマンチック街道沿いのノイシュバンシュタイン城は白みを帯びた荘厳な様相をみせているが，ケルンの大聖堂と同じ石材を使用しながら，なんの被害も受けていない．これは大気汚染がないからである．なお，ギリシャのアテネにある古代のパルテノン神殿の石も風化が進んでいる．

以上の実例のほか，コンクリート構造物に酸性雨が染み込んだ場合に，モルタル部分が融けて流れ出して"つらら"のようになることがある．これを"酸

性雨つらら"という．また，建築物や電波通信施設などで，外気にさらされている金属類が酸性により腐食する．

（5） 人の健康被害

目に刺激を与えたり，皮膚に痛みを生じたりするおそれがあるが，まだ十分に研究されていない．

（6） 光合成の抑制

酸性霧は酸性の微細な粒子が葉を覆うので，葉の光合成を阻害する．

12・13　森林と文明

森林のおかげで落葉などが腐葉土を形成して豊かな土壌を作るのであるが，森林が伐採されると降雨のために，これら黒土などの豊かな表土の土壌が流されてしまって，表土の下の土砂だけの痩せた土壌だけが残る結果，砂漠化へ進むのである．痩せた土壌には栄養分がないので，植林し緑化することもできなくなるほか，食糧の生産地もなくなる．エチオピアやソマリアなどのアフリカ諸国が飢餓で苦しむのは，森林伐採の結果，降雨による豊かな土壌の流出が大きな原因とされている．このように地球にとって最大の害虫は無知な人類なのである．動植物を一体とした生態系としては，豊かな土壌には森林があって，森林の中には鹿がいて，鹿のいるところにはこれを餌とする狼のいるのが理想とされているが，現在は森林は破壊され，狼もいなくなった．

自然回帰の思想からいえば木を刈り込むこと（トピアリーという）を避け，植物生態学の見地から自然自身の側だけを考えて植物本位の藪をつくって原生林を人工的に造るのであるが，かかる原生林は，わが国の場合に自然環境保全地域や自然公園などの地域に限られる．

グリーン・コンタクトは緑の少ない都市にも必須のものであり，都市は都市だけでは生きていけない．世界史を研究してみると，一つの国の文明が栄えるときに，文明と火は切っても切れない関係があって，木材を燃料として大量に使用するだけではなく，人口が増えて住宅や生活道具の需要が盛んとなって更に樹木が伐採される結果，その国から森林が消えていることが多い．このために都市は森林を食べて成長するといわれていたのである．石炭や石油などの化石燃料の利用が始まる以前には，燃料として木材しかなかったのである．

旧約聖書は「シバの女王はソロモンの栄華に魅せられて，金，銀，財宝，そ

して高価な香料などをおみやげにエルサレムを尋ねた」と伝えている．現在，アラビア半島の大部分は不毛の砂漠であるが，その南側一帯に，西に紅海，南にアラビア海と，二つの海に面して，BC 10世紀頃に豊かな自然と巨大な富をもつ国としてシバ女王に象徴されるシバ王国が栄えた．古代ローマ人はハッピー・アラビアと賞賛した国である．現在のイエメンとサウジアラビア南部にあたる．

　シバ王国の都はマーリブであった．二つの海に面している地の利を生かして，地中海世界とインドとを結ぶ海のシルクロードとして海上貿易を一手に握って栄えたのである．王国内では金銀や香料などが大量に産出し，それにインドやインドネシアのスパイス（香辛料），中国の絹，アフリカの宝石類なども，すべてシバ王国の特産品として非常に高価で地中海諸国に売れ，これがシバ王国の繁栄をもたらした．シバ王国は巨大なマーリブ・ダムを建設し，貯えた雨水を灌漑に使い，大地が潤い，小麦や葡萄や"いちじく"などが一面に生い茂る緑の豊かな王国を築いた．首都マーリブには30万人も住んでいたという．

　しかし，文明が栄え，人口が増えたために，燃料などとして森林を伐採し，治山治水を忘れて環境を破壊してしまった．これが理由でたびたび大洪水に襲われる結果となり，周辺は緑の大地から不毛の砂漠となり，シバ王国は砂漠のなかに埋もれるに至った．そして，シバ王国は6世紀に滅亡した．現在マーリブの都の遺跡には，砂漠のなかにマーリブ・ダムの跡や神殿跡や宮殿跡しか残っていない．洪水の後に，都はマーリブの西200 kmのサナーへ移った．

　同じようにして，古代において森林に覆われていて穀倉地帯であった北アフリカもサハラ（不毛の地という意味）砂漠となってしまった．メソポタミア文明やエジプト文明が栄え，都市国家カルタゴが繁栄し，ギリシャ文明が発達したが，森林を食べ尽くした結果，文明は衰退し，後進国になってしまった．シリア砂漠はメソポタミア文明のなれの果てである．

　イギリスでは石炭の採掘が始まって燃料として使用し，木材を燃料として使うことはなくなったことが近代化につながるとされている．ドイツも石炭を燃料として使うようになって植林に力をいれて森林を多く残したことが栄えた原因とされている．ヨーロッパのなかで，ポルトガルやスペインなどが先進諸国から落ちこぼれたとされている原因は森林破壊の惨状が原因とされている．これらの国々の人々は自然を征服したつもりであったが，しっぺ返しを食らったのである．

なお，イギリスには豊かな樫の木の森林があり，この硬い木を伐採して川で運び，これを使って造船して強力な海軍を創った．豊かな樫の木がイギリスの繁栄のもととされている．反対に，昔，蒙古（モンゴル）は栄えて遠くヨーロッパまで侵略し，日本も植民地にしようとした国であるが，現在の国土の大半はゴビ砂漠となり，昔の面影はない．

中国大陸では毎年のように大規模な水害が発生するが，これは異常気象が原因ではなく，中国の森林面積比率は砂漠化したモンゴル以下であり，中国全土が砂漠化寸前であるからとされている．平成3（1991）年に台風がフィリピンのレイテ島を襲い，6000人以上の死者を出したのも，森林破壊により洪水調整機能を失ったことが主因とされている．また，平成4（1992）年9月22日，フランスの南東部のヴォークリューズ県を襲った局地的な豪雨により洪水が発生して大きな被害を周辺に与えたが，原因は既往の実績をはるかに上回る豪雨も一因であるものの，主たる原因は河川沿いの土地の過度の利用が引金となったとされている．このようにヨーロッパ南部でも近年大きな水害が頻発しており，その原因は森林伐採と河川周辺の過度の土地利用とされている．

以上のように，水害がたびたび発生し，安全に生活できないような国土では，新たな文明は栄えず後進国になり下がらずを得ない．わが国は文明が栄えても森林を裸にすることはなかった．日本人は本来精神的な面から心のなかで森林に対して神聖さを感じおり，ある種の憧れをもっている．それで，神社のあるところ必ず"鎮守の森"があり，寺院のあるところ必ず"寺の森"があり，これらが村という共同体の中心となり，森林と日本人は共存した．山の多いわが国では神社またはお寺と森林とは古来から一体の風景であり，これがわが国を豊かな国にした原因である．

12・14 砂　漠　化

アフリカのサハラ砂漠，中国・モンゴルのコビ砂漠，中近東のシリア砂漠などに加えて，中国新彊省ウイグル自治区で砂漠化が進んでおり，すでに地球の陸地面積の約1/4にあたる約36億haは砂漠化し，さらに拡大しつつある．なお，土地が砂漠化すると保水力を失って，大雨による大水害の一因ともなる．

中国新彊省ウイグル自治区は東トルキスタン地方とも呼ばれ，カザフスタンなどの西トルキスタン地方と併せて，トルコ系のウイグル族の土地であった．

18世紀に帝政ロシア（その後にソ連邦となる）と清朝（現・中国）に分割されて，その植民地となったが，西トルキスタン地方は，1991年にソ連邦の崩壊で植民地から独立した．しかし，東トルキスタン地方は中国の植民地のままで，宗主国の漢民族がどんどん入ってきて人口が増えた．

中国では，全土で毎年約 3000 km^2 が砂漠化し，約 8000 km^2 の草原が劣化している．2001年，中国の1/3の地域で平均気温が上昇し，中北部などでは例年よりも 1～2 ℃ も高く，大干ばつが発生した．新彊省ウイグル自治区のタクラマカン砂漠に加えて，内蒙古のバダインジャラン砂漠とテンゲル砂漠が結合して大砂漠となりつつある．新彊省ウイグル自治区では耕地の1/3の土壌がアルカリ化して，毎年約 160 km^2 が砂漠化しているという．

この砂漠化の原因は，新彊省ウイグル自治区では，中国政府による漢民族の大量移住による人口増加で，わずか半世紀で人口は4倍以上となったことによる．耕地は5.4倍に増えて，無計画な開墾に伴う水資源の乱用が砂漠化を招いた．加えて，石油開発などの大型プロジェクトもあって，植物の生態系に影響を与えたことも原因となっている．

中国政府は水資源バランスを回復させるために，砂漠に道路を建設する場合に防砂林を植えて人工緑地帯を造り，新たな植物生態系を創造するインフラ建設をするほか，農地を森林に戻す政策を進めているが，農地の縮小は食料問題が起きることになる．

研 究 課 題

12・1　植生への影響をできるだけ小さくするために，とられるべき建設工事の設計施工について述べよ．
12・2　アマゾン流域などの熱帯雨林の破壊を防ぐためにはどうしたらよいか．
12・3　ゴルフ場ができると，どんな公害や環境破壊が心配されるか．
12・4　地形変更による自然破壊で最も大きいのは何か．
12・5　将来わが国では酸性降下物によるどんな被害が予想されるか．

第13章 地球環境

13・1 地球の環境破壊

　20世紀に，人類は，その英知と技術を駆使して，あらゆる面で飛躍的な進歩を遂げた．しかし，その代償として，大切な地球環境を汚染し，破壊してきた．現在，人類を含めた地球上の生物に存続の危機が訪れている．21世紀の地球は破壊と汚染を食い止めて，共生する新しい時代を築かなければならない．

　生物が生きていくうえで欠かせないのが豊かな大地と清浄な空気と水である．水はたとえ汚染されてもある程度は自浄作用により浄化することができる．しかし，約400万年の歴史しかない人類は，産業革命以降のわずか200年で回復困難なまでに地球を汚染し破壊してきた．

　約46億年前に地球ができて，約35億年前に地球に初めて生物が誕生し，それ以来多くの種が生まれ，そして滅びた．その年代の環境に適応できなかった種もいるが，自然淘汰された種もいる．しかし，現代では，人類がほかの生物を滅亡へと追い込んでいるケースが増えており，今度は人類が滅亡するかも知れないのである．宇宙はある節理によって創造され，運行されている．この節理に沿って全生命の存続と繁栄があるのである．今のままでは，人類はかつての古代文明のように，廃虚を残して地上から姿を消すことになるかも知れないのである．その事例を述べると，

1) 産業排水および生活排水が，河川，湖沼，海洋を汚濁し，日本近海でも魚介類の奇形が見られ，北極海ではあざらしの大量死があり，水質汚濁の生態系への影響が深刻化している．
2) 中国やアフリカ諸国や中近東諸国での砂漠化の進行で，地球の陸地の約1/4は砂漠となるほか，熱帯雨林などの緑地が減少している．
3) 大気汚染が引き起こす酸性雨により森林が消えていく．
4) 二酸化炭素（CO_2）が増えて，地表面から放出される熱を吸収する．このために大地の熱が大気中に溜る温室効果が起こり，気温が上昇して，天候気象に重大なる影響を及ぼして，地球の温暖化が進んでいる．

5) 地球の大気圏の外側にはオゾン層があって，生物に害を与える紫外線（皮膚癌や白内障を引き起こす）や宇宙線を吸収して防いでいる．このオゾン層は人為的理由で破壊され，南極や北極の上空で薄くなり，オゾンホールと呼ばれるようになった．オゾンホールは拡大する一方である．

13・2　太陽エネルギーの恩恵

　太陽は核分裂を数十億年続けていて無限のエネルギーを発散させているものであり，人類が太陽エネルギーをそのまま直接利用できるとすれば，地球に降り注ぐ太陽エネルギーは人間の必要とするエネルギーの2万倍にも達する．
　まず，植物は太陽エネルギーを光合成により吸収することによって成長していく．海面が太陽エネルギーを吸収すると，海面に近い植物から植物プランクトンが発生して，これを動物プランクトンが餌とし，さらに，これを小魚が食べる．小魚を大きな魚が餌として，最後に人間が魚を食べる．
　人類は植物や魚を食糧とすることにより太陽の恩恵を被っているが，このほかに，地球の地質時代に長い歳月をかけて自然が地下に蓄積した過去の太陽エネルギーである化石燃料を用いている．石炭は樹木の化石であり，石油は微生物の化石である．化石燃料は有限のもので，あと数百年分もない．
　太陽エネルギーによって海水が暖められ，暖められた水分が水蒸気となって上昇し雲となって，やがて雨となって地球上に降る．人類はこの水の循環という無限のエネルギーを利用し，ダムを建設することによって効率を高めることも覚えた．このほかに，太陽光発電所とか太陽電池とか太陽熱温水器などの利用も行われているが，小規模であり，蓄えができないという欠点がある．
　なお，火山の大噴火などによって太陽エネルギーを遮り，気候の変化を来すことがある．1783年の浅間山をはじめとして，1883年のクラカトウ火山，1912年のカトマイ火山，1963年のインドネシアのバリ島のアグン火山，1980年のアメリカのセントヘレンズ火山，1982年の春のエル・チチョン火山，近くは1991年6月15日のフィリピンのルソン島のピナツボ火山の噴火がある．火山噴火は火山灰を吹き上げるだけでなく，多量の火山ガスを成層圏まで吹き上げて濃密な煙霧体（1 μm 以下の大気中に浮かぶ個体や液体の粒子をいい，エアロゾルという）雲を形成させる．成層圏にできた煙霧体雲は，太陽からきた光を吸収したり，反射・散乱させる結果，火山灰が太陽光線を妨げることも

手伝って，地表にまで到達する太陽光線が少なくなり，地表近くの気温が低下するようになる．地表に入射する太陽光線が1％変化すると地球の平均気温が約1.5℃変化するとされている．

13・3　エネルギーの収支

太陽エネルギーは平均して 0.33 cal/cm²/s 絶えず降り注ぎ，目に見える可視光線（光）として地球に到達し，植物の光合成に使われるほか，陸地や海面や大気をも暖めて大気流や海流を動かすエネルギーとなっている．単純に考えれば地球は年々気温が上昇するはずであるが，大部分は地表からの放射線である赤外線（熱）として宇宙空間へ捨てるので，気温は変化しない．

大気中に存在する成分の大部分は窒素 N_2 と酸素 O_2 であるが，いずれも可視光線や赤外線をも通す性質がある．しかし，大気中の二酸化炭素（CO_2）と水分（H_2O）は，波長の短い可視光線（光）と通しても熱を逃がさない温室のガラスと同じ作用をすることがら温室効果と呼ばれる．この温室効果がないと，地球の平均気温の 15℃ は 33℃ 下がって平均して −18℃ になる．これでは地球は氷に覆われて生物の生きられない星となる．つまり，CO_2 の存在は宇宙空間へ逃げるエネルギーを途中で止めて大気を暖めて，地球の気温を一定に保っている．このおかげで，地球を生物の生存に適した気温変動の少ない温暖な

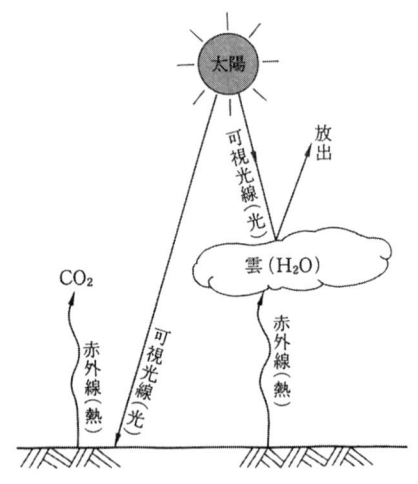

図 13・1　可視光線と赤外線

13・4 二酸化炭素（CO_2）による温室効果

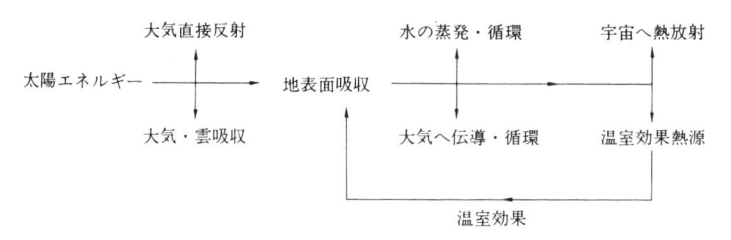

```
                大気直接反射        水の蒸発・循環      宇宙へ熱放射
                    ↑                  ↑                ↑
  太陽エネルギー → → → 地表面吸収 → → → → → → → → → →
                    ↓                  ↓                ↓
                大気・雲吸収        大気へ伝導・循環    温室効果熱源
                                        ↓                ↑
                                    温室効果
```

図 13・2　地球面における太陽エネルギーの流れ

環境にしているわけで，地球の生物の多くは温室効果がなかったら誕生しなかったとされている（図 13・1 および図 13・2 参照）．

そして，地球は温室効果の行き過ぎを調節する機能をもっている．それは地表の 2/3 を覆っている海洋であって，気温の上昇に伴って二つの作用をする．一つは海面から大量の水蒸気が発生して上空に厚い雲を作り，この雲が太陽光線を遮断して地表の温度上昇を防ぐ．もう一つ海水の温度が上昇して海洋の CO_2 を溶解する能力が増え，大気中の CO_2 を吸収する．それは，海中の CO_2 は炭酸カルシウムとして沈殿し，海水中の植物プランクトンは光合成によって大気中の CO_2 を体内に取り込むからである．

逆に温室効果が進行し過ぎても地球では生物が生存できない．金星は大気の $93 \sim 97\%$ が CO_2 であって，表面は温度は 422 °C にも達している．

13・4　二酸化炭素（CO_2）による温室効果

二酸化炭素（CO_2）は人類のほかに動物の呼吸により排出されるが，いちばん大きいのは人類が発見した火であり，燃焼により CO_2 が増える．大気中に存在する CO_2 は，光合成作用により植物に吸収されるか，または前述のように海水に吸収されて，わずか 0.03 % だけであり，安定している．これにより地球は氷に覆われることなく，金星のような焦熱地獄にもなることもない．

しかし，地球上の森林の面積は大規模な土地開墾・焼畑農業などの伐採や酸性雨の被害により年々減少の傾向にあり，植物園地域と呼ばれる植物の多い地域も CO_2 の吸収源ではなくなり，逆に放出源になりつつある．このために光合成のバランスが崩れて，海水だけが CO_2 の吸収源となるが，増える CO_2 を一手に引き受ける能力は海水にはない．

CO_2 は濃度が高くなるとよく水に溶けるので，海には大気中の 50 倍の炭素

を含んでいる．大部分は炭酸イオンまたは重炭酸イオンの形で存在して大気中には放出されない．そして，水深約 60 m までの海水中には，大気中の CO_2 と平衡状態を保つ程度に，かなりの CO_2 が溶けていて，プランクトンの餌になっている．CO_2 は水の温度が低いほどよく水に溶けるが，60 m より深い海水に溶けるようになるには，よく攪はんされて表層と深層とが入れ替わる必要がある．海洋の攪はんは非常に遅くて，大気と海とがやりとりして，海洋と大気の CO_2 の濃度を平衡状態にするには時間がかかり，太平洋の海水が全部攪はんされるのには約 1000 年かかるという．

CO_2 の増えた原因は産業と生活の近代化による．18 世紀の産業革命以降の第二次世界大戦までは森林の伐採による耕地化が原因であり，第二次世界大戦以降は化石燃料の燃焼が原因である．しかも，後者によって大気中の CO_2 の濃度は急上昇し，現在の CO_2 の増えている原因の 30 ％ は森林破壊であり，70 ％ が化石燃料の燃焼とされている．

わが国の例でいえば，1 年間で，人が呼吸により排出する量は約 0.44 億 t，化石燃料の燃焼により生じる量が約 8.9 億 t で，これに対して山林・草地・農耕地などの緑地で吸収される CO_2 の量は約 6 億 t で，自前では排出量を処理することはできない．諸外国でも経済力の大きい国ほど人口あたりの排出量は大きく，後進国は少なく，経済成長すれば排出量は増える．

現在世界中で放出される CO_2 の量は約 52 億 t で，平均して 1 人あたり約 1 t となっている．燃えてできる CO_2 のうち 50 ％ 強が毎年大気中に貯まると考えられ，そのために CO_2 濃度は毎年平均 1.3 ppm 増えているという．なお，南米エクアドル沖の太平洋でエルニーニョ現象が発生した 1987 年には 2.5 ppm も上昇している．人間の活動が CO_2 を増やすことから，同じ地球でも北半球のほうが人口も多く工業活動も盛んなことから，北半球の大気の CO_2 濃度は南半球の大気より 3～3.5 ppm も高い．

なお，エルニーニョ（現地スペイン語で神の子という意味）現象とは，毎年年末のクリスマスのころに，南米のエクアドルやペルー北部の沖合の海に海面水温上昇による暖かい海面が出現し，たいていは翌年の 3 月か 4 月に終わるが，ときとして長引いて 1 年も続くだけでなく，東太平洋から中部太平洋にまで広がる広い海域全体の海水異常高温をいう．原因はまだわからない．

大気中の CO_2 の濃度は，BC 16000 年ころでは，北極の氷の分析から 200 ppm と推定され，それ以降，産業革命の 18 世紀中ごろまでは，265～285

13・4 二酸化炭素（CO_2）による温室効果

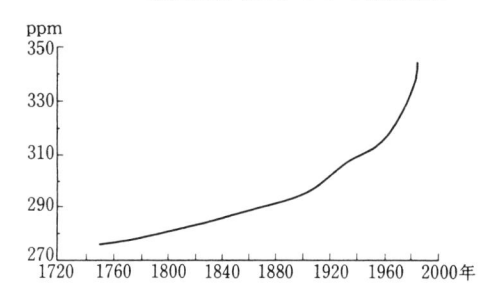

図 13・3 南極の氷コア中の気泡の分析から得られた二酸化炭素（CO_2）濃度の増加傾向

ppm で, 19 世紀には約 290 ppm で安定していたとされている. 近年になってアメリカのハワイにある海洋大気局マウナロア観測所で観測されるようになってからは, 大気中で最も地表に近い対流圏の低空域での観測データとして, 1958 年は 313 ppm, 1979 年は 338 ppm, 1982 年は 341 ppm, 1987 年は 350 ppm, 1988 年は 351 ppm, 1991 年は 358 ppm となっている（図 13・3 参照）.

CO_2 の量が増えても, 5000 ppm（0.5%）ぐらいまでは人類には生理的被害はないが, 大気中に CO_2 の量が多くなると, 太陽から地球に熱エネルギーは到達するものの, 地球から発散する熱エネルギーは大気中に蓄えられて地球上からでていかないこととなり, CO_2 による温室効果で気温が上昇する.

最近の研究で CO_2 以外の温室効果に影響を与える物質にメタンガスなどが判明し, ほかの物質をまとめて CO_2 と同じ程度の影響を及ぼすものと予測されている. このように温室効果の原因の半分は CO_2 であるので, 温室効果の影響は, 単純に計算して CO_2 の濃度を 2 倍して計算する.

CO_2 による温室効果の将来の予測では, 国連環境計画によれば, 今後の化石燃料の消費量が毎年 1% ずつ増えると仮定して, 2030 年には大気中の CO_2 濃度が 410 ppm に達するものと考えられている. なお, 現在のままで放置し, 世界の経済や社会活動がこのまま続く場合に, 2030 年には現在の約 2 倍近くの 550 ppm に達するとの予測もあり, 21 世紀中ごろには 600 ppm に達するという予測もある. わが国の上空の対流圏上部で CO_2 が毎年 0.4% ずつ増えていることが確認されている.

13・5 二酸化炭素（CO_2）の抑制

　平成9（1997）年12月に開催された地球温暖化防止京都会議で，わが国は平成22（2010）年までに，平成2（1990）年に比べてCO_2を6％削減する数量目標を割当られている．ところが，実際には平成14（2002）年には15％増加している．CO_2を削減するためには，一番大きい原因である電気の使用量を節約する，つまり節電することが大切である．15％も増えている原因は，家庭電気の使用量の増加についていえば，世帯数が増えていることと，一世帯あたりの電気使用量が増えていることによる．そして，化石燃料から作られた電気エネルギーを産業や家庭が利用・消費することによって生じるCO_2が温室効果ガス総排出量の約90％を占めている．

　なお，建設業界では，建設工事段階で排出されるCO_2の70％は，トラックおよび建設機械から出るとされていて，12％削減目標を立てている．

　CO_2の抑制の方法を下記に述べる．
1) 生物反応や化学反応を利用したCO_2の固定や有効利用などの革新的技術開発が急がれる．
2) 硫黄分の多い低品位の石炭を使う火力発電所や工業用ボイラーなどの脱硫対策を推進する．
3) 火力発電所の代わりに，水力，風力，太陽熱，地熱，波力などの自然エネルギーの開発を推進する．
4) トラックの場合の省エネ運転として，急発進・急加速を避け，停止前にアクセルを踏むのを早めに止める，ということはよく知られている．燃料が36.7％も節約できる上に，CO_2もほぼ同率で減るという．
5) 建設機械の油圧ショベルカーの場合，パワーを10％落とし，掘削はパワー全開で一気に行うのではなく，上部・下部の二段掘りで行う方が，作業時間も早くなる上に燃費もよい．
6) 家庭などにおける野焼きはやめる．
7) 後進国における対策の実施と先進国の技術援助が望まれる．

13・6 地球の気温上昇

　現在の地球の地上の気温を地球全体で平均すると約15℃で，これは地球の

13・6 地球の気温上昇

太陽系の中の位置と大気の構造から決まっている．そして地球に降り注ぐ太陽熱が2％多くなると約3℃高くなり，2％少なくなると約4℃低くなる．

近代化のはじまった100年前に比べて平均気温は，地球全体では0.6℃，東京では3℃，高中緯度地帯では1～2℃，冬期の北半球では3～4℃高くなっている．モスクワでは半世紀前に比べて平均気温が2.7℃も高くなている．この地球の温暖化の原因は温室効果が原因であることは定説である．

CO_2 の濃度が，370 ppm に達したとした場合には，北半球の温帯地域では2～3℃気温が上昇し，緯度で7～8度南の地点と同じ気温となるとされている．コペンハーゲンの気温が現在のパリの気温と同じとなる．

CO_2 の濃度が，550 ppm に達したとした場合には，地球の平均気温は現在に比べて約3℃高くなり，北半球の温帯地域では4～6℃気温が上昇し，緯度で15度南の地点と同じ気温となる．日本でいえば東北地方の気温が現在の沖縄の気温と同じになり，ニューヨークの気温が現在のマイアミの気温と同じになる．北極や南極では10℃以上も気温が高くなる．

CO_2 の濃度が，600 ppm に達したとした場合には，地球の平均気温は現在に比べて3.6℃（4.7～5.5℃との予測もある）も上昇するとされている．そして，地球の気温は平均して上昇するのではなく，熱帯地方ではわずかに暖かい程度で季節変化も小さく，緯度が30～70度の高中緯度地帯で温暖化が大きくて夏よりも冬に著しい．先進工業国は北半球の高中緯度に位置している国が多いことから，その影響は大きい．

なお，2075年には地球の平均気温が8.6℃も高くなるとの予測もあり，また，温室効果によっていったん気候が変化すると，同じ状態が1000年も2000年も長い期間続くとされている．

現在，地球の温暖化は着実に進んでいて，下記のような兆候が出ている．

1) アラスカのツンドラ地帯の地表下の温度は，100年前に比べて2～4℃も高く，北極圏の陸地では永久凍土が解けはじめている現象がある．永久凍土が融けて土地が陥没し，家は傾くなどの被害がでている．
2) 氷河の動きがあり，アラスカの延長130 km もあるハバード氷河が過去85年間に年間約60 m動いていたのが，1988年に1日最大14 mの速さで動きはじめた．同じアラスカのバレリー氷河も1日最大34 mの速さで動きはじめた．観光地のカナダのコロンビア大氷河も動いている．
3) 氷河が海に達して切り離された氷塊が溶けることによると思われる海

面上昇が21世紀に入って観測されている.
4) 平成14（2002）年7月から9月にかけて，日本列島は100年の観測史上で例年にない猛暑であった．また，ヨーロッパは約100年ぶりの大雨で洪水に襲われ，チェコのプラハやドイツのドレスデンなどの大河川の沿川にある中世の古都の面影を残した街並は水没する箇所も生じた．

13・7　地球温暖化による降雨状況の変化

　温室効果で2～3℃でも温暖化する場合に，降雨パターンに変動が起きると予想されている．予想では，高緯度の北極と南極および低緯度の赤道付近で降雨量が増える一方，それ以外の中緯度では逆に降雨量が減って乾燥するという地域が生ずる．それは赤道に近いサハラ砂漠にはモンスーンの雨が降って砂漠は草原に変わる．逆にヨーロッパやアメリカは乾燥気候となって干ばつとなる．アメリカの大地に含まれる水分は15～20％減少し乾燥化が進む．農作物の生産は落ち，アメリカ全体で，敷地面積は12％減，小麦は18％減，大豆は53％減，トウモロコシは47％減となる．カナダの北部の森林は枯れる．
　わが国の降雨量状況の変化は，雨量が増加し，降雨特性や流出特性などが変化すると予想される．洪水の危険性が増え，河川に流れ込む土砂量が増えて河口部に大量の土砂が堆積し，氾濫範囲の拡大，甚水時間の長期化，新たな地域での災害など，洪水氾濫の形態が変化する．
　気温が上昇すれば海面温度も上昇し，大気の対流が激しくなって，雨の降り方が熱帯的となり，集中豪雨が多くなるとともに，台風が巨大化する．地球の平均温度が4.5℃上昇した場合，巨大台風の規模は中心気圧800 hPa，最大風速100 m/s，現在の最大台風の1.5倍の規模と予想されている．わが国の家屋や橋梁は最大風速60 m/sで設計されているので被害は大きい．
　2002年12月29日から2003年1月2日にかけての5日間，南太平洋のソロモン諸島のサンタクルーズ諸島の南東部は地球最大規模の風速90 mのサイクロンに襲われた．サンタクルーズ諸島のティコピア島周辺は最大風速83 mであったという．そして，住民2000人の住むティコピア島とアヌタ島の二つの島が壊滅状態となり，ティコピア島のラベンガ村（人口400～500人）とナモ村（人口200人）は砂に埋まって消滅したほか，15の集落が完全に消失した．なお，ティコピア島の住民の大部分は高台の洞窟に避難して無事であった．地

球温暖化の影響とされている．

13・8　地球温暖化による海面上昇

　現在より5000〜9000年ほど以前の地球は，気温は平均して約2℃高かったとされており，そのために極地の氷河が融けて海面は現在より約2m高かったとされている．わが国では縄文時代に関東平野や大阪平野では内陸部深くまで海岸線が入り込んでいたとされている．その証拠として貝塚遺跡が平野の河谷に沿って内陸部深くまで分布していることがあげられている．このことから，この時期をわが国では海進期という．

　地域の気温が上昇するとすれば，海洋が大気中の熱を吸収して海水が熱膨張して（自然膨張という）地球上の全海面が上昇する．気温が3℃上昇すれば熱膨張により海面は約1.5m上昇する計算になる．ただし，大気から海洋への熱の移動は非常に緩慢なので，すぐには影響はしない．とくに深海部では2世紀ぐらいかかるものとされている．

　いちばん問題なのは，気温の上昇により南極大陸やグリーンランドやカナダやアラスカやシベリアなどの極地の陸上にかぶさっている氷が融けて海に流出することであり，その分だけ海面が上昇する．なお，地球温暖化による海面の上昇は徐々に進行するもので，海面が一挙に上昇することはなく，少しずつ上昇する．

　氷に覆われている極地の気温が1.5℃上昇すれば氷が融けて流出し，地球上の全海面は26cm上昇し，5.5℃上昇すれば海面は165cm上昇するとされている．地球の平均気温が3℃上昇すると仮定すれば，極地の気温上昇は地球全体の平均より大きくて，海面の上昇は5〜7mと予測されている．

　南極大陸を覆っている氷の厚さは平均約1600mもあり，もし全部融けるとすれば海面は約50m上昇する計算になる．南極大陸やグリーンランドやカナダ，アラスカやシベリアなど全世界で融けると，海面は約70m上昇する．

　安芸の宮島の厳島神社は20cm海面が上昇することにより水びたしになることが多い．地球温暖化現象によるものか，地盤沈下によるものかはわからないが，前者と思われる．

　また，気温が上がると，大気中の水蒸気の量も増えることとなり，水蒸気にはCO_2以上に強い温室効果があって，地球の温暖化は一層加速される．

13・9　海面上昇による沿岸の自然および社会経済に与える影響

（1）　沿岸低地の水没による国土の減少

　海面上昇すると，珊瑚礁でできた海抜の低い島々は島全体が水没する危険があり，日本のような島国や，オランダなど沿岸部に人口や資産が集中している国々も影響が大きい．東南アジアなどの大河川の沖積平野やデルタ地帯は，水田などの肥沃な耕地となっており，魚や海老の養殖場となっているが，これらが全滅する．1mの海面上昇した場合の影響を下記に述べる．

1）　かりに海浜勾配を1/10として護岸などの施設がないと仮定すると，海岸線は数km後退し，河川の河口デルタや湿地帯は水没する．
2）　低湿地の多いバングラディッシュでは国土の10％が水没して850万の人々が住む土地を奪われる．
3）　エジプトのナイル川河口では耕地の15％が水没して530万人の人々が住む土地を奪われる．
4）　標高の低いインド洋上の珊瑚礁の国モルジブや太平洋のトンガやツバルやナウルの国々なども水没する．
5）　世界中では4000万世帯が家を失う．
6）　世界で沿岸都市の水没の危険性がでてくるが，イタリアのベニス（ベネティア）は海面上昇による水没の危険性がもっとも高い．
7）　日本の国土は13600haも消失する．もし1.5m海面が上昇したとすれば，現状で120000haあるゼロメートル地帯（大潮のときの平均満潮位より低い陸地帯）は420000haに拡大し，この地域に居住している人口は320万人から980万人へ増加し，戸数は60万戸から180万戸へ増え，ゼロメートル地帯に存在する家屋資産は36兆円から103兆円にも達するものと推定される（表13・1参照）．

表13・1　海面上昇によるゼロメートル地帯の拡大（日本の場合）[45]

	面積 千km²	人口 百万人	戸数 百万戸	資産 兆円
現　状	1.2	3.2	0.6	36
0.5m上昇した場合	1.9	4.6	0.8	49
1.0m上昇した場合	2.9	7.0	1.3	73
1.5m上昇した場合	4.2	9.8	1.8	103

（2） 海岸侵食による海岸災害

1） 崖や山地や丘陵が直接海に接している海岸では，海面上昇により，海の波により安定した崖や斜面が新たな大規模な侵食を受けるようになり，また，地下水の上昇により，地すべりや崖崩れが発生しやすくなる．
2） 砂浜は波浪を和らげる機能をもっているが，海面上昇のために砂浜の海岸侵食が激しくなって海岸保全が難しくなる．
3） 海岸侵食の結果，熱帯・亜熱帯の潮間帯のマングローブ林が破壊されて，マングローブの海岸保全機能が損なわれる．
4） 珊瑚礁の上方成長速度は年間8mmで，海面上昇速度がこれを上回ると珊瑚礁の果たしていた天然の海岸防護能力は役に立たず逆に侵食される．
5） 温暖化により気候変動が起き，国によっては山地の植生変化などにより河川からの土砂供給量が減少し，また漂砂の供給源となっている海岸の地表状況の変化などから，海浜地形が後退する影響がでる．

（3） 高潮の被害増大による海岸災害

台風や波浪の状況変化が起きて，潮位や津波などの海象条件が変わり，高潮が頻発するだけでなく，規模が増大する．とくに台風の常襲地帯では高潮の被害が増大する．わが国は人口や資産のかなりの部分が沿岸低地に集中しており，河川や海岸の高潮堤と水門や排水ポンプなどの排水施設により洪水や高潮による災害を防いでいるが，内水氾濫や排水不良が発生する．海抜ゼロメートル地帯では未曾有の大災害が予想される．これらの施設の増強をはかる必要が生じるほか，港湾施設の改善，下水道施設の補強，沿岸に立地している発電所の改善など，工学的な設計変更と巨大な追加投資を必要とする．

（4） 河川・地下水の塩水化

海面の上昇により，海水が河川を逆流して内陸の奥深くまで侵入し，農業用水に塩分が混じり，地下水の塩分濃度も上昇し，農作物の収穫量が減少する．

（5） 沿岸生態系の変化

海水温度と海面水位の上昇により，珊瑚礁が沈水し，湿地帯やマングローブ林の地域などで生物学的な種の多様性が破壊され，経済的・文化的に重要な多くの種の発育過程を破壊する．海岸侵食や洪水の多発の結果，窒素やリンやその他の農薬が海域へ流出して，沿岸の生態系に影響を与える．このために商業的に重要な漁業や底生生物の分布が変わって，社会経済的影響がでる．

13・10　フロンガス（CFC）等によるオゾン（O_3）層の破壊

　フロンガスは正確にはクロロフルオロカーボンと呼ばれ，記号はCFCが用いられる．人間が作り出した人工のフッ素化合物ガス（フッ素と塩素と炭素の化合物）である．二酸化炭素（CO_2）と同じく波長の長い赤外線を吸収する働きがあり，温室効果の影響はCO_2より大きく，同じ濃度の場合にフロンガスはCO_2の1万～10万倍の働きをする．

　問題なのは，大気中のフロンガスがオゾン（O_3）を破壊することである．宇宙空間には地球の生物に有害な放射線（宇宙線）や紫外線などが溢れているが，紫外線の0.00023～0.0035 mmの波長のうち，0.000315 mmより長い波長のUV-Aはともかくとして，これより波長の短いUV-B，およびUV-Cの紫外線がとくに有害である．

　これに対して地球は自然の防御装置として，対流圏の上にある成層圏のオゾン層が，降り注ぐ太陽光線の中に含まれている有害な紫外線を吸収して通過させない働きをしている．ところが，フロンガスが，このオゾン層を破壊する結果，地上への紫外線が増えることになる．

　フロンガスは，融点と沸点が著しく低く，不燃性であり，不爆発性であり，無色無臭で，人体に無害であり，化学的に安定で分解されずに毒性もなく反応性もなく，人間が作った究極の化学物質といわれてきた．冷蔵庫やクーラーの冷却剤としてのほか，人口血液，麻酔剤，電子部品の洗浄剤等に用いられているものである．最近は，殺虫剤，ヘアスプレー，臭剤，消火剤などエアロゾルのスプレーの噴射ガスとして広く使用されるようになった．このフロンガスは，工業的目的には理想的な物質であるが，大気中へ噴射されるフロンガスが問題であって，化学的および生物学的に不活性であるために，海水にもほとんど溶けず大気中に残留し蓄積する．

　地球を包む大気はいくつかの層に別れていて，最も地表に近い層の対流圏では，暖かい地表で暖められた空気と冷たい上空の空気とがかき混ぜられて，大気の循環やいろいろな気象現象が起きる．対流圏の上にある成層圏では上空ほど暖かいために大気の循環，つまり対流はほとんど起きない．対流圏と成層圏の境界は，赤道付近で約16 km，北極と南極では約9 kmの高さである．この成層圏の20～30 km付近にオゾン（O_3）濃度の高い層があり，これがオゾン層である．酸素分子（O_2）の光分解によってできた酸素原子（O）が，別の酸

素分子（O_2）と結合してオゾン（O_3）が作られるのであるが，主として赤道上空で生成してゆっくりと北極や南極に向かって動いていく．

オゾン（O_3）は紫外線を吸収したり，塩素や一酸化炭素などと反応して消滅するが，オゾン（O_3）は生成と消滅を繰り返して，地球全体では量的にバランスがとれている．

大気圏の下層の対流圏では，フロンガスは反応性がないために，化学反応を起こさないことから，分解もせず害もない．そして，拡散して対流圏の中を漂いながら，最終的には大気上層の成層圏に達する．そして，紫外線はオゾン（O_3）に吸収されてしまうために，オゾン（O_3）濃度が最大である高度 20〜30 km 付近までは，フロンガスは紫外線に曝されることはない．

しかし，20〜30 km よりもさらに上昇すると，フロンガスは紫外線に曝される．フロンガスは普通のままでは化学反応を起こさないが，紫外線によって光化学反応を起こしてフロン分子から塩素原子を生成し，この塩素原子がオゾン（O_3）と反応して，3個の酸素原子（O）からなるオゾン（O_3）分子の1個の酸素原子（O）をもぎとって塩化酸素となるので，オゾン（O_3）が減少するのである．そして，反応してできた塩化酸素は，またすぐに酸素原子（O）と反応して塩素原子に戻るために，いったん成層圏に到達した塩素はオゾン（O_3）を破壊し続ける．

$$Cl + O_3 \longrightarrow ClO + O_2 \tag{13・1}$$
$$ClO + O \longrightarrow Cl + O_2 \tag{13・2}$$

また，消火剤として用いられているハロンは，炭素，フッ素，臭素などからなる人工化合物であるが，成層圏で放出された臭素は，塩素の10倍ものオゾン破壊能力があるとされている．

13・11　オゾンホールの出現

南極は冬の間，"極渦"という強い偏西風のために孤立した気象条件に置かれる．そのうえに，南極大陸上の大気は太陽の光が全然届かない極夜であり，しかも南極大陸から放射する放射熱もないために，気温は急冷して $-90\,^\circ C$ にも達する．このような"極渦"の低温では，成層圏大気中の水蒸気や硝酸等が氷晶となって極成層圏雲，つまり氷雲が生じる．

ClO と NO_2 が結合してできる塩素貯蔵物質 $ClONO_2$ は，比較的安定した物

質で，普通はオゾン層破壊に無関係であるが，上記の発生した極成層圏雲の氷晶で，HCl または H_2O と反応して，Cl_2 または HOCl を生成する．

$$ClONO_2 + HCl \longrightarrow Cl_2\uparrow + HNO_3 \qquad (13\cdot3)$$

$$ClONO_2 + H_2O \longrightarrow HOCl\uparrow + HNO_3 \qquad (13\cdot4)$$

春先になって南極に太陽の光が届くようになると，冬の間に生成された Cl_2 および HOCl は太陽の光によって分解されて Cl を生じる．この Cl によってオゾン層が破壊されて急激に減少する．

最近の測定では地球全体に滞留するフロンガスは1年に4％ずつ増えているとされており，オゾン（O_3）については，南極の上空では春になると減少し夏になると通常に戻るが，減少量が年々増加の傾向にあるとされている．

地球を回りながら全世界のオゾン（O_3）分布を調べている人工衛星のデータによれば，南極大陸を覆うようにオゾン（O_3）の減少地域が出現していることが判明し，この減少地域をオゾン層の穴という意味でオゾンホールと呼ぶようになった．

1987年のオゾンホールは史上最大といわれ，1989年もこれに匹敵する数値となった．1990年も史上2〜3番目の規模で，1991年も3年連続で大規模なオゾンホールが出現し，ほぼ南極大陸全体を覆う規模のものとなった．また，1989年1月にアメリカ航空宇宙局（NASA）の航空機を用いた成層圏調査によって北極でも極成層圏雲が確認され，北極圏上空 20〜26 km のオゾン（O_3）量が高度によって正常値の30％も少ないことが判明し，北極にもオゾンホールが出現しつつあることが裏付けられた．1990年に極成層圏雲形成に必要とされる低温域が北極の東半球に1月下旬〜2月上旬に発生し，最も低温であったスカンジナビア半島付近で極端なオゾン減少域が確認された．

このようにオゾンホールは年々拡大の傾向にあるといわれ，南極だけでなく，北半球にも拡大している．また，南極から中緯度方面にかけてオゾン（O_3）濃度の低下した広い地域が生じるようになった．これは南極でオゾンホールが冬期にできて，春期に大気循環の影響でオゾン（O_3）濃度の低い大気が薄められながら周辺に拡散していくためである．

オーストラリアでは南極のオゾンホールの影響が出るようになり，紫外線情報を天気予報とともに流している．拡散するために南極ではオゾン（O_3）濃度が回復し，南極ではオゾンホールはなくなったようにみえるが，地球規模でみると，年々オゾン（O_3）の量が減少し低オゾンの大気が拡大しつつあり，

地球全体にわたる危険がでてきている．

　なお，フロンガスは直接人体に害を与えないうえ，地表からオゾン（O_3）層の高度 20〜30 km まで到達するには 7〜10 年もかかるため，現在の汚染と被害の実態にずれがある．そして，世界で消費したフロンの 70 % はまだ上昇中だといわれ，しかもオゾン（O_3）の減少空域がフロンを放出した国の上空ではなく，南極などの特定の地域に偏る特徴がある．

13・12　オゾン（O_3）層破壊による影響

オゾン層の破壊による紫外線増加の考えられる影響と，その対策としては，
1）　紫外線は人体の免疫系を変え，肌は老化し，ほくろやシミが増え，目に障害を与えて白内障の危険が生ずる．紫外線の二乗に比例して皮膚ガンが増加する．なお，皮膚ガンは日光の強いオーストラリアなどの低緯度地帯で屋外で体を露出している場合に発生しやすく，白人に多い．
2）　紫外線には UV-A，UV-B，UV-C の種類があり，UV-A は波長が長く皮膚の奥まで届き，冬に多い．
3）　対策として，帽子やサングラスを着用し，日焼け止めを塗り，白い日傘（白色は熱を反射，材料をポリエステルを用いると紫外線を透過せず），長袖の黒色シャツ（黒色は紫外線を透過せず吸収）を着ること．通気度の高い綿や絹は紫外線の透過率も高く，明度の高いほど透過率も高い．日陰にも紫外線は届く．ただし，わが国では，海岸などで遊ぶ場合や漁師などの職業の場合を除いて，一般家庭では，そこまでする必要性はまだない．
4）　植物の育成を阻害して農産物の生産が落ち，葉緑素を破壊するので樹木の光合成能力が低下して二酸化炭素（CO_2）の吸収と酸素（O_2）の放出が少なくなる．
5）　海面近くのプランクトンや魚などを死滅させて海での食物連鎖を滅ぼす結果，海中に吸収される CO_2 が減って大気中に蓄積される．
6）　オゾン（O_3）は太陽光線を熱エネルギーに変える成層圏の熱源であり，オゾン（O_3）の減少で成層圏の温度構造が変化し，対流圏の大気循環が変動する．

13・13 オゾン (O_3) 層保護対策

オゾン (O_3) 層の破壊を防ぐ対策については世界的に規制しない限り効果はなく，先進国を中心としてフロンガスの使用規制が進められた．国連環境計画 (UNEP) を中心に検討された結果，1985年3月に「オゾン層の保護のためのウィーン条約」が採択されて，1988年9月に発効した．

わが国は昭和63 (1988) 年5月に「特定物質の規制等によるオゾン層の保護に関する法律」通称「オゾン層保護法」を成立させ，9月にはウィーン条約とモントリオール議定書に加入した．

「オゾン層保護法」では，議定書において，生産量および消費量の規制の対象となっている物質を"特定物質"として，次のような規定が設けられた．

1) 議定書に基づき，わが国が尊守すべき特定物質の生産量および消費量の基準限度等，オゾン (O_3) 層保護に関する基本的事項の公表．
2) 特定物質の製造数量等の規制．
3) 特定物質の使用事業者による排出抑制・使用合理化の努力．
4) オゾン (O_3) 層および大気中の特定物質の濃度の状況の観測および監視．

ところが，上記の内容ではオゾン (O_3) 層の破壊を食い止めることが難しいことがわかったので，オゾン (O_3) 層保護対策を強化し，さらに規制を厳しくして20世紀末までのできるだけ早い時期に全廃する方針で，世界共同で進むことになり，平成元 (1989) 年5月ヘルシンキ宣言が採択された．

平成2 (1990) 年6月にモントリオール議定書第2回締結国会合がロンドンで開かれて，既存規制物質の削減スケジュールが前倒しされるほか，新規規制物質が追加され，また，開発途上国に対する援助も合意された．以上に基づいて，わが国でも「オゾン層保護法」が改正された．

なお，規制物質の当面の代替品として，今後の使用増大が見込まれる物質が指定され，これを「指定物質」と定義し，製造，輸入，輸出に係る届出規定が設けられた．さらに「指定物質」を使用する事業者は，排出抑制と使用合理化の努力義務，大気中の濃度などの観測監視等をしなければならないようになった．なお，「指定物質」は対流圏中で分解しやすいためにオゾン (O_3) 破壊能力は比較的小さいとされている．

なお，1995年末には世界的にフロンガス (CFC) は全廃されたが，代替フ

ロン等3ガス（HFC，PFC，SF6）は増加傾向にあり，簡単には減らせないために，増加を2％程度に押さえることを目標としている．

わが国では，平成13（2001）年4月から，エアコン，電気冷蔵庫，電気洗濯機，テレビの4機種を対象とする家電リサイクル法が施行された．これに合わせて，三洋電機，日立製作所，ソニー，三菱電機などの大手家電メーカが資本参加して，シャープと三菱マテリアルが共同で出資して関西リサイクルシステムズという会社が設立された．ところが大変なことが起きた．

製品の処分のためには，エアコンや電気冷蔵庫から，フロンガスを回収機を用いて抜き取ってガスボンベに注入する．フロンガスを下請けの処理専門業者に処理を委託する．このときに，処理専門業者が空のボンベ（1本約20 kg入り）と交換する．ところが，エアコンの回収が集中すると空のボンベが足りないことから，一部の充填ずみのボンベを開けて，処理しないで空にして，大気中に放出していたのである．

研 究 課 題

13・1 地球に生物が生存できる条件を述べよ．
13・2 地球の温暖化を防ぐためにはどんなことをすればよいか．
13・3 二酸化炭素（CO_2）以外に地球の温暖化の原因となるものは何かを考えよ．
13・4 地球上の氷が全部融けたら日本列島はどうなるか検討してみよ．
13・5 オゾン（O_3）層を破壊する物質にはどんな特徴があるか．
13・6 全地球に紫外線が降り注ぐようになれば，どんな被害が生じるか．

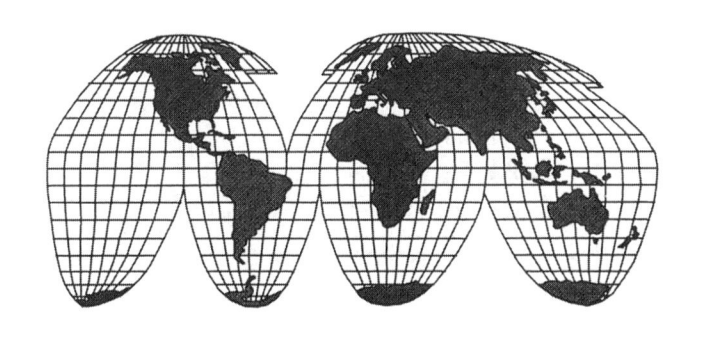

第14章　環境影響評価法

14・1　環境問題の発生と環境アセスメント（環境影響評価）

環境アセスメント（環境影響評価）とは，人間の行動が環境を変えるおそれがあるときに，どうしたらよいかを評価し決定するための行動をいう．その一部として，環境の変化に関する情報を確認し，予測し，分析し，公表する行動を環境アセスメントという．後者は前者の一部であり，明らかに区別されるべきであるが，わが国では慣用的に後者も環境アセスメントと表現することが多い．そして日本語としては環境影響評価とも環境影響事前評価とも称する．公式的には，開発に伴う環境影響の程度と範囲，その防止策，代替案の比較検討を含む統合的な事前評価ならびにその再評価をいい，わが国で開発行為が行われる場合には，必ず大気・水・土・生物等の環境に及ぼす影響の程度と範囲，その防止対策等について，代替案等の比較検討を含め，事前に予測と評価（再評価を含む）が行われることになっている．

環境アセスメントがクローズアップしてきたのは，世界的にも国内的にも環境が悪化してきたことによる．この原因は，世界的にみると，約200年昔の産業革命以来の工業の発達であり，第二次世界大戦後の爆発的な人口増加があり，植生破壊の進展によって地球上の酸素の供給の8割をブラジルのアマゾン川流域に頼っている現実である．わが国も第二次世界大戦後の敗戦後，人口約8000万人が現在1億2000万人を超えるに至り，狭い国土に大勢の人々がひしめき合っている．どうしても生きるためには，産業は重化学工業化せざるを得ず，農用地だったところを都市用地として工業化し，人口の都市集中化を促した．これがために環境破壊を引き起こすに至っている．

以上から，わが国も遅ればせながら昭和42（1967）年に公害対策基本法が制定され，環境保全を図るための環境行政の施策が講ぜられるという後追い行政的性格が強かった．それで抜本的な環境保全対策を講ずるために登場したのが環境アセスメントであり，事後処理的性格を脱却して，開発行為が行われる前に，あらかじめ予測される環境破壊の可能性を評価しようとするものである．

そして，環境アセスメントは，平成9（1997）年に，環境環境影響評価法が制定され，下記のように，具体的な手続が規定された．

1) 第一種事業と第二種事業があるが，第一種事業は，規模が大きく環境に著しい影響を及ぼすおそれがあり，かつ，国が実施し，または許認可等を行う事業で，必ず環境影響評価を行う一定規模の事業をいう．第二種事業とは，第一種事業に準じる規模を有する事業で，個別の事業や地域の違いを踏まえ，環境影響評価の必要性を個別に判定するスクリーニングを行うものである．第一種事業と判定された第二種事業を対象事業という．

2) 事業者は，対象事業に係る環境影響評価の項目ならびに調査・予測および評価の手法などについて，環境影響評価方法書を作成し，事業の環境影響を受けると認められる地域の都道府県知事および市町村長に送付する．これは環境の保全の見地から意見を有する者の意見を聴取するもので，早い段階からアセスメント手続が開始されるように，調査の方法について意見を求めるスコーピングを行うものである．

3) 事業者は，都道府県知事の意見や環境保全の見地から意見を有する者の意見を踏まえ，対象事業に係る環境影響評価の項目ならび調査・予測および評価の手法を選定し，これに基づいて環境影響評価を実施する．

4) 事業者は，環境影響評価準備書を作成して，関係地域を管轄する都道府県知事および市町村長に送付する．さらに，事業者は，公告・縦覧や説明会の開催を行って，環境の保全の見地からの意見を有する者の意見を聴取する．都道府県知事は，市町村長の意見を聴いたうえで，事業者に対して環境保全上の意見を提出する．なお，準備書の記載事項として，環境保全対策の検討経過，事業着手後の調査をも加える．必要に応じて代替案の検討および事後のモニタリングが実施される．

5) 事業者は，環境影響評価書を作成して，許認可等権者へ送付する．環境影響評価書について，環境大臣は必要に応じて許認可等権者に対して，環境の保全上の意見を提出する．許認可等権者は，当該意見を踏まえて，事業者に環境保全上の意見を提出する．事業者は環境大臣の意見や許認可等権者の意見を受けて，環境影響評価書を再検討し，必要に応じて，追加調査などを行った上で環境影響評価書を補正する．

6) 事業者は，最終的な環境影響評価書を1か月の公告・縦覧に付する．

7）事業者は，環境影響評価書の公告を行うまでは対象事業を実施できない．

8）事業者は，環境影響評価書の公告後，環境の状況の変化その他の特別な事情により必要があると認めたときは，環境影響評価手続の再実施を行う．

9）許認可権者は，対象事業の許認可等の審査にあたり，環境影響評価書および環境影響評価書に対して述べた意見に基づき，対象事業が環境の保全について適正な配慮がなされるものであるかどうかを審査し，許認可等を拒否したり，条件をつけることができる．

10）事業者は，環境影響評価書に記載されているところにより，環境保全について適正な配慮をして事業を実施することが義務づけられる．

なお，環境アセスメントを実施することにより，得られる意義と問題点を下記に述べる．

1）開発行為による環境破壊を事前にチェックすることにより，その対策を早くから講ずることにより防止することができる．

2）開発行為を行う側と地域住民との公害紛争を避けて，事前に調整を行うことができる．このときに望ましい代替案も検討することができる．

3）従来の都市計画における土地利用計画を，環境保全の見地から見直すとともに，都市的文化を保全し，自然環境をも保全することができる．

4）大規模な開発行為だけではなく，ゴルフ場やマンションなど中小規模の開発行為も含めて環境アセスメントを行う必要性がある．

14・2　環境影響評価法の手順

（1）環境アセスメントの構成

環境アセスメントの手順を図14・1に示すが，大きく分けて，調査，予測，評価の3段階とする．なお，調査を確認，評価を解釈といい，それ以降を伝達という場合もある．

（2）調　　査

開発計画の行われる地域の概況をまず把握し，開発行為のうち環境に影響を及ぼすと思われる行為を抽出し，この行為によって影響を受ける環境要素の環境影響評価項目（環境項目と略称する）を選定するとともに，この環境項目の

14・2 環境影響評価法の手順

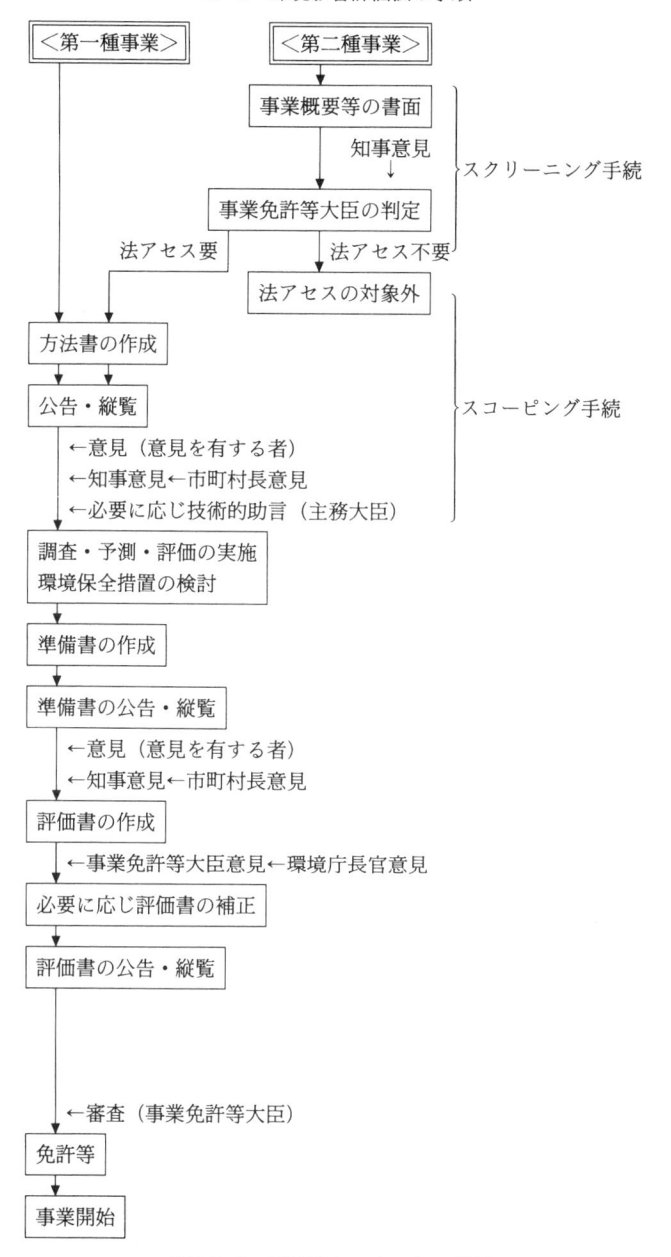

```
<第一種事業>        <第二種事業>
                         ↓
                   事業概要等の書面
                         ↓ 知事意見     ┐
                         ↓             │
                   事業免許等大臣の判定  │ スクリーニング手続
              法アセス要 ↓ 法アセス不要  │
                         ↓             │
                   法アセスの対象外      ┘
        ↓
   方法書の作成                          ┐
        ↓                               │
   公告・縦覧                            │
        ←意見(意見を有する者)            │
        ←知事意見←市町村長意見          │ スコーピング手続
        ←必要に応じ技術的助言(主務大臣)  │
        ↓                               ┘
   調査・予測・評価の実施
   環境保全措置の検討
        ↓
   準備書の作成
        ↓
   準備書の公告・縦覧
        ←意見(意見を有する者)
        ←知事意見←市町村長意見
        ↓
   評価書の作成
        ←事業免許等大臣意見←環境庁長官意見
        ↓
   必要に応じ評価書の補正
        ↓
   評価書の公告・縦覧
        ↓
        ←審査(事業免許等大臣)
        ↓
   免許等
        ↓
   事業開始
```

図14・1 環境アセスメントの手順

現況について調査して把握する．調査方法としては，まず開発行為の種類と開発行為によって生ずる発動（インパクト）の種類との関係をマトリックス化し，続いて開発行為によって生ずるインパクトの種類とその影響を受ける環境要素との関係をマトリックス化して，開発行為によって影響を受ける環境項目を選定する．開発行為の種類や対象地域の自然的社会的条件によってインパクトの種類は異なるし，また環境項目も異なり，調査の段階では網羅的に多めに項目を掲げておくことが多い．環境項目の選定が終れば，項目ごとに現況把握のための調査を行う．

以上から，どのような開発行為が，どんなインパクトを，誰にもたらすのかを明示することができる．なお，マトリックスの実例を表14・1と表14・2に示す．また，地域概況調査項目の実例を表14・3に示す．

（3）予　　　測

調査段階で抽出整理された個々の環境項目の中から，予測および評価すべき項目を設定する．表14・4に実例を示す．そして，表14・5に従って，環境影響評価項目別予測手法について検討する．なお，予測とは，上記環境項目について，開発計画の実行に伴って発生する環境負荷量（騒音値や大気汚染物質排出量など）を算出し，さらに，この負荷量の与える影響について調査したり，または環境変化の度合いを明らかにすることをいう．

予測手法には下記のようなものがある．
1) 数値実験（シュミレーションモデルによる計算）による方法．
2) 模型実験による手法（風洞模型実験，水理模型実験など）．
3) 各種原単位を用いて開発行為のインパクトから予測する方法．
4) 既存の類似事例による環境負荷量より予測する方法．
5) 専門家のヒヤリングに基づく予測．

4)と5)は，生態系への影響など，定量化が困難な場合に用いられるほか，他の試験的手法を補完するものとしても用いられることもある．

（4）評　　　価

予測の結果から環境影響の好ましさを，人の健康や生活環境の保全の見地から判断することを評価という．評価は評価基準を設定して行われる．

評価基準には2種類があり，一つは騒音や大気汚染や水質汚濁のように環境基準の定められている場合であり，ほかの一つは環境基準の定められていない場合である．後者の場合の評価基準は，①既存の知見等に基づく，②自然環

14・2 環境影響評価法の手順

表 14・1　開発行為とインパクトとのマトリックス

開発行為によって生ずるインパクト ＼ 開発行為	自然						建設								運用									
	樹木の伐採	農地の潰廃	河川の改修	海底の浚渫	海面の干拓	海面の埋立	資材の採取	資材の運搬	切土盛土	掘削	工作物設置	杭打ち	コンクリート工事等	舗装	建造物の出現	人工の地表面	物資集積	トリップ発生集中	エネルギー消費	水消費	汚水排出	熱排出	固型廃棄物排出	有害物質排出
エネルギー 発電所	○	○					○	○	○	○	○	○	○	○	○	○			○	○	○	○		
地域冷暖房	○	○						○	○	○	○	○	○	○	○	○			○	○	○	○		
資源 水資源開発	○	○	○				○	○	○	○	○	○	○	○	○	○			○					
海洋開発				○	○	○	○	○		○	○	○	○		○				○					
産業 臨海型重化学工業	○	○		○	○	○	○	○	○	○	○	○	○	○	○	○	○	○	○	○	○	○	○	○
内陸型工業団地	○	○	○				○	○	○	○	○	○	○	○	○	○	○	○	○	○	○	○	○	○
交通 道路	○	○	○				○	○	○	○	○	○	○	○	○	○		○	○		○	○		
空港	○	○				○	○	○	○	○	○	○	○	○	○	○		○	○	○	○	○		
港	○			○	○	○	○	○	○	○	○	○	○	○	○	○	○	○	○	○	○	○		
都市・地域 下水処理場	○	○					○	○	○	○	○	○	○	○	○	○			○	○	○		○	
リゾート施設	○	○					○	○	○	○	○	○	○	○	○	○		○	○	○	○		○	
ニュータウン	○	○	○				○	○	○	○	○	○	○	○	○	○		○	○	○	○		○	

表14・2 インパクトと環境要素とのマトリックス

影響を与える インパクト		地圏 地象	地形	地質	振動	水圏 水象	水質	底質	水生生物	気圏 気象	大気質	騒音	振動	悪臭	生物圏 植物	動物	生態系	景観	レクリエーション	日照	電波障害	文化財	資源 水	エネルギー
自然	樹木の伐採	○								○					○	○	○	○	○			○	○	
	農地の潰廃	○	○												○	○	○	○	○			○		
	河川の改修	○	○			○	○	○	○						○	○	○	○	○				○	
	海底の浚渫	○	○			○	○	○	○						○	○	○	○						
	海面の干拓	○	○			○	○	○	○	○					○	○	○	○						
	海面の埋立	○	○	○		○	○	○	○	○					○	○	○	○					○	
	資材の採取	○	○	○	○										○	○	○	○						
建設	資材の運搬				○							○	○											
	切土	○	○	○	○					○														
	盛土	○	○	○	○																			
	掘削	○	○	○	○		○																	
	工作物設置																			○				
	杭打ち				○							○	○											
設	コンクリート工事等						○					○	○	○										
	舗装	○																						
運	建造物の出現																	○		○	○			
	人工の地表面					○																		
	物資の集積																							
	エネルギー発生集中										○										○			○○○
用	エネルギー消費									○	○													○
	水消費						○										○						○	
	汚水排出						○○	○	○								○						○	
	熱排出									○														○
	固型廃棄物排出							○						○			○					○		
	有害物質排出										○			○			○							

14・2 環境影響評価法の手順

表14・3 地域概況調査項目

項目名	調査内容
人口	人口動態,人口密度,人口分布等
産業	農林漁業動態,工業出荷額,用水,燃料使用等
交通	道路交通状況,港湾の利用状況等
土地利用	土地利用概要,用途地域,農林地の配置等
水域とその利用	水域の概況,水面利用,水利用,漁業権の設定状況等
環境保全対策の状況	下水道等環境整備の状況,企業の公害防止施設の状況等
関係法令による指定,規制等	自然公園法等
地質	一般地質,堆積物の状況等
地形	一般地形,水底地形等
水象	潮流,潮汐,水深,沼等における成層・密度流等
水質	水質の概況等
底質	底質の概況等
気象	風向,風速,気温,日射量,雲量,降水量等
大気質	大気質の概況等
騒音	騒音の概況等
悪臭	悪臭の概況等
植物	植物の概況等
動物	動物の概況等
生態系	生態系の概況等
景観	景観の概況等
レクリエーション	レクリエーションの概況等
文化財	文化財の概況等

境の保全上支障を生じないこと,③大部分の住民が日常生活において支障のないこと,④その他となっている.

これらの評価基準を項目ごとに表14・6に示す.

表14・4 調査・予測・評価項目摘出表

環境項目		影響〔有〕	影響〔無〕	摘要
地圏	地形 地形	○		現状の地形に大きな影響は無いかを検討
	地質 表層地質・土壌		○	現状の表層地質・土壌に大きな影響は無いと考えられる
	振動 振動		○	影響は無いと考えられる
水圏	水質 水素イオン濃度		○	影響は無いと考えられる
	全リン及び全窒素		○	影響は無いと考えられる
	透明度	○		施工時の影響を検討
	底質 その他の底質項目	○		施工時の影響を検討
	水生生物 水生生物	○		施工時の影響を検討
気圏	大気 浮遊粒子状物質	○		施工時の影響を検討
	騒音 騒音	○		施工時の影響を検討
生物圏	植物 植物	○		施工時の影響を検討
	動物 動物	○		施工時の影響を検討
その他	廃棄物 廃棄物	○		施工時及び供用時に大きな影響は無いかを検討
	景観 景観	○		施工時及び供用時に大きな影響はないかを検討
	文化財 文化財	○		施工時及び供用時に大きな影響は無いかを検討
	レクリエーション レクリエーション	○		施工時に大きな影響はないかを検討

14・3 環境保全対策

　現状調査・予測および評価の結果，必要ありと認められるときは環境保全対策の検討をする．環境保全対策の検討は，必要な部分についての施設の設置位置の変更，施設の構造の変更，修景緑化や調和効果などを含む環境保全施設の追加，施設の供用方法の変更，工事の実施方法の変更，自然環境の復元などについて行う．なお，土地の形状の改変，水面改変，植生改変，仮設工作物設置，資材の採取，掘削土の処理など，工事の実施に係るものについても留意する．評価の結果，必要ありと認められるときは，環境状況についての追跡調査実施方法などについても検討しておく．また，この対策により環境影響がどのように低減されるかの予測・評価も行われ，予測・評価と環境保全対策の検討はフィードバックの関係にある．

14・3 環境保全対策

表14・5 環境影響評価項目別予測手法

環境影響評価項目			予測手法				
大分類	小分類	項目	数値実験	模型実験	既存の類似事例	専門家のヒヤリング	その他
地圏	地象	特異な自然現象			○	○	
	形象	地形			○	○	
		地盤沈下	○		○		
	地質	表層地質・土壌			○		
		土壌汚染物質			○	○	
	振動	振動	○		○		
水圏	水象	特異な自然現象			○	○	
	水質	COD	○	○	○		
		BOD	○		○		
		pH	○		○		
		DO	○		○		
		大腸菌群数			○		
		油分等	○		○		
		SS	○		○		
		有害物質	○		○		
		T-P および T-N	○		○		
		透明度	○		○		
		塩分量	○		○		
		その他の水質項目	○		○		
		水温	○	○	○		
	底質	有害物質			○		
		硫化物			○		
		油分等			○		
		強熱減量又はCOD			○		
		その他の底質項目			○		
	水生生物	水生生物			○		
気圏	気象	特異な自然現象			○	○	
	大気質	硫黄酸化物	○	○	○		
		窒素酸化物	○	○	○		
		一酸化炭素	○	○	○		
		浮遊粒子状物質	○	○	○		
		有害物質	○	○	○		
		炭化水素類	○		○		
		光化学オキシダント			○	○	
	騒音	騒音	○	○	○		
	低周波空気振動	低周波空気振動			○	○	
	悪臭	悪臭			○	○	
生物圏	植物	植物			○	○	
	動物	動物			○	○	
生態系	生態系	生態系			○	○	
景観	景観	景観					モンタージュ写真,ビデオ透視図作成等
レクリエーション	レクリエーション	レクリエーション			○	○	

環境省の環境影響評価に係わる技術的事項についてより

表 14・6　環境影響評価項目別評価基準

環境影響評価項目			評価の基本的考え方				
大分類	小分類	項目	自然環境の保全上支障を生じないこと	環境基準に基づく	既存の知見等に基づく	大部分の住民が日常生活において支障がないこと	その他
地圏	地象	特異な自然現象	○				
	地形	地形	○				
		地盤沈下					地盤沈下を生じないこと
	地質	表層地質・土壌	○				
		土壌汚染物			○		カドミ，鉛，ヒ素については農用地土壌汚染対策地域の指定要件に基づく
	振動	振動				○	
水圏	水象	特異な自然現象	○				
	水質	COD		○			
		BOD		○			
		pH		○			
		DO		○			
		大腸菌群数		○			
		油分等		○			
		SS		○			
		有害物質		○			
		T-P および T-N			○		
		透明度			○		
		塩分量					利水目的に応じて評価
		その他の水質項目			○		
		水温			○		
	底質	有害物質			○		
		硫化物			○		
		油分等			○		
		強熱減量又はCOD			○		
		その他底質項目			○		
	水生生物	水生生物			○		
気圏	気象	特異な自然現象	○				
	大気質	硫黄酸化物		○			
		窒素酸化物		○			
		一酸化炭素		○			
		浮遊粒子状物質		○			
		有害物質			○		排出基準に基づく
		炭化水素類			○		中央公害対策審議会答申(1976.8.13)の指針に基づく
		光化学オキシダント		○			
	騒音	騒音		○			
	低周波空気振動	低周波空気振動				○	
	悪臭	悪臭				○	
生物圏	植物	植物	○				
	動物	動物	○				
生態系	生態系	生態系	○				
景観	景観	景観	○				
レクリエーション	レクリエーション	レクリエーション	○				

環境省の環境影響評価に係わる技術的事項についてより

14・4 環境影響評価書の作成

環境影響評価書は,下記事項のうち,必要ある事項について記載する.なお,必要あるときには,環境影響評価書とは別に,概要を記したものを作成する.これは,環境影響評価書が専門家や行政側のためのものであり,地域住民にはわかり難いことから,地域住民にわかりやすく情報を提供して,住民との合意形成を図るために作成されるものである.

1) 事業の目的および概要
   ① 地域の概要
   ② 事業の目的(必要性をも含む)
   ③ 事業の概要
   ④ 事業の効果
2) 環境影響要因の把握および環境影響評価の対象とする環境項目の設定の内容(対象とする理由および対象としない理由も含む)
3) 現状調査の結果の内容
4) 予測の結果の内容
5) 評価の結果の内容
6) 環境保全対策の検討結果の内容
   ① 環境保全対策の検討結果の内容
   ② 追跡調査等の検討結果の内容
7) その他必要事項

研究課題

14・1 環境アセスメントの必要となった理由を考えよ.
14・2 環境影響評価書はなぜ2種類も必要とするのか.
14・3 環境アセスメントの追跡調査はどんなときに必要となるか.
14・4 環境アセスメントの対象となる主要な開発行為について,どんなものがあるか調査せよ.

練習問題

問題1　典型7公害に含まれていない公害はどれか．
　① 日照阻害　② 悪臭　③ 水質汚濁　④ 地盤沈下　⑤ 大気汚染
問題2　苦情件数のいちばん多いものはどれか．
　① 悪臭　② 騒音　③ 大気汚染　④ 水質汚濁　⑤ 地盤沈下
問題3　温室効果について間違っているものはどれか．
　① 大気中の CO_2 年々増える傾向にある．
　② 大気中の CO_2 は地球に降り注ぐ日光のエネルギーを通す．
　③ 大気中の CO_2 は地球から放出されるエネルギーを通す．
　④ 温室効果のために地球上の大気の温度が上昇する．
　⑤ 温室効果のために南極などの永久氷の一部が溶けて海面が上昇する．
問題4　人間の耳に音として聞こえる周波数の範囲はどれか．
　① $0～100$ Hz　② $40～8000$ Hz　③ $100～20000$ Hz
　④ $20～20000$ Hz　⑤ 全周波数
問題5　音の尺度として用いられていないものはどれか．
　① 音圧レベル　② 音の強さのレベル　③ 音の大きさのレベル
　④ 騒音レベル　⑤ 音源レベル
問題6　バンドレベルについて間違っているものはどれか．
　① 音波の周波数範囲全体の音圧レベルをバンドレベルという．
　② ある周波数範囲ごとに区切った音波の音圧レベルをバンドレベルという．
　③ 1オクターブごとに区切った場合をオクターブバンドレベルという．
　④ 1/3オクターブごとに区切った場合を1/3オクターブバンドレベルという．
　⑤ 区切られた周波数帯域をその中心周波数で呼称する．
問題7　音の大きさのレベルで間違っているものはどれか．
　① 人の耳はすべての周波数の音を同じような強さでは感じない．
　② 100 Hz の純音の音圧レベルを基準とする．
　③ 1000 Hz の純音の音圧レベルを基準とする．
　④ 100 Hz の 60 dB の強さのレベルの音は必ずしも 60 ホンではない．
　⑤ 1000 Hz の 60 dB の強さのレベルの音を 60 ホンという．
問題8　騒音レベルで間違っているものはどれか．
　① 音の物理的強さと人が聴覚として感じる大きさとは必ずしも一致しない．
　② 人が聴覚として感じる大きさを把握するためのものが騒音計である．
　③ 騒音計は人が聴覚として感じる大きさを的確に表現することができる．

練習問題

　④　騒音計は計量法およびJIS規格によって規格が定められている．
　⑤　騒音計の聴感補正回路のうち，人の耳にもっとも近いのがA回路である．

問題9　騒音の伝搬と減衰について間違っているものはどれか．
　①　騒音は伝搬距離に対応して距離の自乗に反比例して減衰していく．
　②　騒音は点音源の場合と線音源の場合で距離減衰量が異なる．
　③　騒音は伝搬する経路に構造物があると回折せざるを得ないので減衰する．
　④　騒音は空気中の酸素分子の分子運動や熱伝導や粘性により減衰しない．
　⑤　騒音は吸音性のある表面近くを伝搬すると減衰する．

問題10　次のうち，騒音を測定するのに必要でない計器類はどれか．
　①　騒音計　②　周波数分析器　③　データレコーダ　④　レベルレコーダ
　⑤　振動レベル計

問題11　騒音の測定について正しいものはどれか．
　①　測定値が周期的に変動する場合は，変動ごとの最大値の平均値を用いる．
　②　測定値は正確を期し，仮に変動が少なくても目分量で平均測定しない．
　③　道路交通騒音は深夜の大型車の騒音だけ測定すれば足りる．
　④　鉄道騒音は測定値の平均値または中央値をもって表す．
　⑤　航空機騒音は離着陸のときの測定値の最大値の平均値をもって表す．

問題12　地域騒音について正しいものはどれか．
　①　スナックなどの深夜営業による騒音も騒音規制法により規制される．
　②　指定地域内の特定工場等については，騒音規制法により規制される．
　③　ピアノやクーラーなどによる家庭騒音も騒音規制法により規制される．
　④　建設工事による騒音は一時的であるので騒音規制法による規制はない．
　⑤　学校・病院の周辺は必ず騒音規制法により規制される．

問題13　騒音レベルの表示で用いないものはどれか．
　①　中央値　②　90％レンジ上端値　③　平均値　④　90％レンジ下端値
　⑤　80％レンジ上端値

問題14　道路交通騒音対策で間違っているものはどれか．
　①　幹線道路に面した土地は倉庫やガソリンスタンドとした方が望ましい．
　②　遮音壁や遮音築堤や掘割構造などの道路構造により騒音を防ぐ．
　③　自動車のエンジンから発する騒音を少なくするように改良を加える．
　④　自動車のタイヤの溝を少なくして路面との騒音の発生を少なくする．
　⑤　電車やバスなどへの転換を図って交通量の抑制に努める．

問題15　鉄道交通騒音対策で間違っているものはどれか．
　①　レールはロングレールを用いて継目を少なくする．
　②　定期的に車輪の転削を行い，車輪路面を削正して車輪の不整正を正す．
　③　車体のスカートを広くし，モータ等からの騒音の外への伝搬を防ぐ．
　④　鉄道用地の両側に環境保全のための緩衝空間を設けて距離減衰を図る．
　⑤　鉄道に沿った地域は倉庫や二重窓のビル，マンションなどとする．

問題 16 航空機騒音に係る環境基準の単位はどれを用いるのか．
① WECPNL ② ホン(A) ③ dB(A) ④ dB(C) ⑤ Pa

問題 17 航空機騒音対策として間違っているものはどれか．
① 高度約 1500 m まで一気に上昇して騒音影響範囲の縮小を図る．
② 空港周辺では空港関連以外の建築物を建てることを一切禁止する．
③ 住居地域などの上空ではエンジン出力を絞って低騒音にて通過する．
④ 騒音が一定の基準を超えるジェット機の飛行を禁止する．
⑤ 夜間の離着陸を制限したり，1日の発着便数を制限したりする．

問題 18 超低周波音について間違っているものはどれか．
① 20 Hz 以下の人の耳に音として聞こえない音波を超低周波音という．
② 超低周波音の騒音と異なる点は，波長が 340〜17 m と非常に長い．
③ 超低周波音も音波であるから，物体に当たると騒音を発生する．
④ 超低周波音の表示単位は，すべて騒音の場合と同じものを用いる．
⑤ バンドレベルについても，すべて騒音の場合と同じ考え方である．

問題 19 超低周波音測定に必要な計器類で間違っているものはどれか．
① 周波数分析器 ② レベルレコーダ ③ 低周波音レベル計
④ テープレコーダ ⑤ データレコーダ

問題 20 道路橋に超低周波音が発生する原因で間違いはどれか．
① 伸縮継手に段差が生じて自動車が通るときに衝撃を与える．
② 橋面に凹凸があって自動車の固有振動数により床版などが振動する．
③ 橋梁の固有振動数と加振力の振動数がほぼ一致するときに振動する．
④ 橋梁の支間が長くなると橋梁の死荷重が大きくなり振動し難くなる．
⑤ 橋梁の支間が短いほど振動しやすく超低周波音の出ることが多い．

問題 21 公害振動の範囲はどの範囲の周波数のものをいうか．
① 1〜90 Hz ② 0.1〜500 Hz ③ 20〜20000 Hz
④ 全周波数 ⑤ 0〜20 Hz

問題 22 閾値について間違っているものはどれか．
① 音波の最小可聴値は 0 dB である．
② 全身振動感覚閾値は 0 dB である．
③ 超低周波音の閾値は周波数ごとに異なる．
④ 振動の閾値を 1 ガルといい，0.001 g に等しい．
⑤ 悪臭には感知できる最低の検知閾値と識別できる最低の認知閾値がある．

問題 23 振動の尺度として用いられていないものはどれか．
① 振動加速度実効値 ② 振動加速度レベル ③ 振動源スペクトル
④ 振動の大きさのレベル ⑤ 振動レベル

問題 24 振動の伝搬と減衰について間違っているものはどれか．
① 振動は空気中ではなく地盤を伝搬していく．
② 地盤が軟らかいほど振動の減衰は大きい．

③ 周波数の高い振動ほど減衰は大きい．
④ 溝や遮断層によって振動の伝搬は食い止められる．
⑤ 振動は音波に比べて距離減衰は大きい．

問題25 振動を測定するのに必要な計器類で間違っているものはどれか．
① 振動レベル計　② 周波数分析器　③ レベルレコーダ
④ データレコーダ　⑤ テープレコーダ

問題26 公害振動とされるものはどれか．
① 列車が走行するときに周囲の建物などに与える70 dB以上の振動．
② 列車が走行するときに乗客に与える100 dB以上の振動．
③ 自動車の走行によって発生する風圧により建具などが振動する場合．
④ 振動レベルが105 dBを超え家屋の倒壊する震度6の烈震以上の地震．
⑤ 建設作業により発生する浅い睡眠でも影響されるような振動．

問題27 次のうち，公共用水域でないものはどれか．
① 河川　② 人工プール　③ 人工ダム湖　④ 天然湖沼　⑤ 海

問題28 水質汚濁の表示で間違っているものはどれか．
① 水の単位体積あたりの重量で表すとき，mg/lを単位として用いる．
② ppmとは百万分の一の略で，mg/lの代わりに一般的に用いる．
③ 大腸菌群数もppmで表す．
④ 水素イオン濃度は，酸性，アルカリ性をpHで表す．
⑤ 溶存酸素量（DO）は数値が低いほど汚濁がひどいことを示している．

問題29 水質汚濁の健康項目に含まれていないものはどれか．
① PCB　② カドミウム　③ シアン　④ CO　⑤ 総水銀

問題30 水質汚濁の生活環境項目に含まれていないものはどれか．
① DO　② BOD　③ 大腸菌群数　④ 水素イオン（pH）　⑤ NO_x

問題31 大腸菌群について間違っているものはどれか．
① 上水道水には塩素が含まれているので，微量の大腸菌群は支障ない．
② 大腸菌群数は100 mlあたりの個数を最確値（MPN）で表す．
③ 大腸菌群数50 MPN/100 ml以下は塩素滅菌により死滅し得る．
④ 大腸菌群数5000 MPN/100 ml以上は死滅させることは難しい．
⑤ 大腸菌群数1000 MPN/100 ml以上の海水浴場は遊泳禁止となる．

問題32 カドミウムについて間違っているものはどれか．
① 普通の飲料水や食物に自然に含まれていて，人や動物に摂取される．
② 大気中にも含まれていて呼吸するたびに人や動物に摂取される．
③ ヨーロッパでは地質上他国に比べて飲料水中の許容量を高くしている．
④ 消化器系統で吸収されて血液中に入っても尿とともに排泄される．
⑤ 排泄能力よりも多く摂取されると体内に蓄積されて人体に害を与える．

問題33 シアンについて間違っているものはどれか．
① 自然水などに含まれていることがあるので水質汚濁防止の対象となる．

② 大気中に含まれているが微量のため大気汚染の対象物質となっていない．
③ シアン化合物はそれほど人体に有害な物質とはされていない．
④ 諸外国では飲料水中に微量ならば支障ないと決められている．
⑤ わが国では飲料水中に微量でも含まれていないことが決められている．

問題34 水質汚濁生活環境項目の環境基準で間違っているものはどれか．
① ノルマルヘキサン抽出物質（油分等）の項目は海域にしかない．
② 生物化学的酸素要求量（BOD）の項目は河川にしかない．
③ 河川でも湖沼でも海域でも溶存酸素量（DO）の項目がある．
④ 河川でも湖沼でも海域でも浮遊物質量（SS）の項目がある．
⑤ 河川でも湖沼でも海域でも水素イオン濃度（pH）の項目がある．

問題35 総水銀について間違っているものはどれか．
① 非汚染水域であっても自然界では微量ながら総水銀は存在する．
② 総水銀濃度が低いと魚介類が吸収しても魚介類の水銀濃度は危なくない．
③ 総水銀濃度が高いと魚介類が吸収して魚介類の水銀濃度は高くなる．
④ 水銀濃度の高い魚介類を人が食べることによって人体に吸収される．
⑤ 水銀濃度の高い植物を人が食べることによって人体に吸収される．

問題36 水質汚濁防止法の産業排水規制で間違っているものはどれか．
① 環境基準の健康項目と生活環境項目は項目も項目数もすべて同じである．
② 環境基準の健康項目に比べて生活環境項目は項目数が多い．
③ 特定施設や特定事業場に対してのみ適用される．
④ 水質汚濁防止法による排水基準には全国一律基準と上乗せ基準とがある．
⑤ 上乗せ基準は一律基準より厳しく都道府県ごとに決められる．

問題37 公共下水道に関して間違っているものはどれか．
① わが国では原則として分流式が用いられる．
② 分流式が用いられるのは建設費や維持管理費が安いからである．
③ 公共下水道の完備している地域では生活排水は下水道に流すことになる．
④ 公共下水道は必ず終末処理場を有するか流域下水道に接続する．
⑤ 都市下水路は雨水排除を目的とすることから終末処理場を有しない．

問題38 下水道を事業区分により分類して間違っているものはどれか．
① 公共下水道　② 都市下水路　③ 生活雑排水単独処理施設
④ 特定公共下水道　⑤ 特定環境保全公共下水道

問題39 汚濁負荷量について間違っているものはどれか．
① 濃度に水量を乗じて有機物の量として表したものを汚濁負荷量という．
② 生活排水による汚濁負荷量は原単位に夜間人口を乗じて求める．
③ 産業排水による汚濁負荷量は原単位に工業製品出荷額を乗じて求める．
④ 営業排水による汚濁負荷量は原単位に昼間人口を乗じて求める．
⑤ 家畜排水による汚濁負荷量は原単位に家畜の頭数を乗じて求める．

問題40 次のうち，閉鎖性水域でないものはどれか．

① 東京湾 ② 大阪湾 ③ 伊勢湾 ④ 瀬戸内海 ⑤ 玄海灘

問題 41 閉鎖性水域の水質保全について間違っているものはどれか．
① 海に面した自治体が汚濁源を捉えて統一的に規制をすれば十分である．
② 下水道の整備が十分でないので閉鎖性水域の水質保全は十分でない．
③ 産業排水の排水規制が濃度規制であるために汚濁負荷量が増える．
④ 指定水域で化学的酸素要求量（COD）の水質総量規制が行われる．
⑤ 瀬戸内海の赤潮は栄養塩類が増えて水域が富栄養化することによる．

問題 42 次のうち，大気汚染物質として環境基準のないものはどれか．
① 一酸化炭素（CO） ② 鉛 ③ 二酸化炭素（CO_2） ④ 浮遊粒子状物質
⑤ 光化学オキシダント

問題 43 大気汚染の環境濃度の測定について間違っているものはどれか．
① 各地域の環境濃度を常時測定するものを地域環境濃度測定局という．
② 幹線道路沿いに設置されているものを自動車排出ガス測定局という．
③ 1日分の平均値を1日平均値といい，年平均値は年間の中央値で示す．
④ 1年間の1日平均値のうち，8番目の高い数値を年間98％値という．
⑤ 二酸化窒素（NO_2）は年間98％値を環境基準と照らし合わせる．

問題 44 公害として地盤沈下の原因として間違っているものはどれか．
① 上水道および工業用水道の水源として地下水を採取する．
② 石油や天然ガスが溶存している地下水を採取する．
③ 地下鉄工事や下水道工事の施工のために地下水を排水する．
④ 地下で鉱物や石炭を採掘したために真上の地盤が沈下する．
⑤ 構造物や盛土のために荷重が増加して圧密沈下する．

問題 45 地盤の特徴について間違っているものはどれか．
① 地下にある地層が収縮または変形することにより地盤沈下する．
② 地下水位の低下と地盤沈下とは密接な関係がある．
③ 地下水位が回復すると，地盤沈下は止まるか，減少する．
④ 地盤沈下を止める対策として地下水の採取を止めると沈下は止まる．
⑤ 地盤沈下を止める対策を講じると地盤は元へ復旧する．

問題 46 次のうち，地盤対策として効果のないものはどれか．
① 構造物や盛土の基礎に強固なものを構築する．
② 上水道や工業用水道などの水源を含めて地下水の揚水を規制する．
③ 水資源開発を行って水の需要に応じる．
④ 漏水の防止や節水の普及を図り，中水道の利用を促進する．
⑤ 人工的に地下水を増やすことにより地下水の減少を防止する．

問題 47 次のうち，地盤沈下による被害でないものはどれか．
① 土地の低下 ② 地殻変動 ③ 不等（不同）沈下 ④ 地下水位の低下
⑤ 抜け上がり

問題 48 次のうち，悪臭物質でないものはどれか．

① アンモニア　② 硫化水素　③ 炭酸ガス　④ アセトアルデヒド
⑤ スチレン

問題49 悪臭の防止対策として適当でないものはどれか．
① 発生した悪臭物質を水やアルカリ水溶液に吸収して洗い流す．
② 悪臭物質を直接に燃焼炉にて完全燃焼させる．
③ 到達経路を遮断または妨害するために塀などを設ける．
④ 発生源はそのままにして蓋などを掛けて押さえ込む．
⑤ 発生源をそのままにして希釈して拡散放出する．

問題50 "におい"について間違っているものはどれか．
① 悪い"におい"を悪臭という．
② 天然の悪臭の発生はあっても拡散されて問題となることはない．
③ 人工的な悪臭の発生は量が少なくても公害の原因となることが多い．
④ 悪臭物質と大気汚染物質とは表示単位で似通ったところがある．
⑤ 人に生理的影響を与えるような"におい"，つまり悪臭もある．

問題51 土壌生態系の環境を守る機能で間違っているものはどれか．
① 大気が土壌を通過することはあり得ないので大気浄化は期待できない．
② 土壌中の小動物や微生物が汚染物質を分解して生物の環境を保つ．
③ 汚濁水は土壌を通過するとき土壌のおかげで汚濁水は浄化される．
④ 雨水を土壌中に一時的に蓄えることにより洪水を防ぐことに役立つ．
⑤ 植生によって土壌侵食や土砂崩壊を防ぐ．

問題52 次のうち，土壌汚染物質でないものはどれか．
① 銅　② PCB　③ カドミウム　④ ひ素　⑤ 水銀

問題53 プラスチック類の処分で間違っているものはどれか．
① サーマルリサイクル　② マテリアルリサイクル　③ 単純焼却処理
④ 石油に戻す　⑤ 固形燃料化

問題54 ダイオキシンについて間違っているものはどれか．
① ダイオキシンの大部分は廃棄物中間処理施設の焼却炉から発生する．
② 銅は燃焼のときに触媒となって大量のダイオキシンを発生させる．
③ ダイオキシンは塩素（Cl）の存在が原因である．
④ 大型トラックの排ガスから生成することはない．
⑤ ダイオキシンは焼却灰や排水に残存し河川水や地下水を汚染する．

問題55 次のうち，地球温暖化の原因物質はどれか．
① 酸素　② 水素　③ 酸性雨　④ 窒素　⑤ 二酸化炭素

問題56 フロンガスについて間違っているものはどれか．
① 暖房剤　② 冷却剤　③ 地球の大気圏の対流圏では反応性がない
④ 地球のオゾン層を破壊する　⑤ 人間が作った究極の化学物質

問題57 開放系の生態系（炭素の循環）において無関係のものはどれか．
① 生産者　② 遷移　③ 分解者　④ 消費者　⑤ 光合成

練習問題

問題58 森林の機能として間違っているものはどれか．
① 大気浄化作用 ② 水質浄化作用 ③ 悪臭防止作用 ④ 気象緩和作用
⑤ 水源涵養作用

問題59 酸性降下物（酸性雨）について間違っているものはどれか．
① 酸性雨の原因は石炭の燃焼によることが多い．
② 建築物などで外気に曝されている金属類は酸性により腐食する．
③ 酸性雨により土壌が酸性化することにより土壌汚染が進行する．
④ 酸性雨発生原因地点から遠くには行かず国際問題となることはない．
⑤ 酸性雨により湖沼の水が酸性化して湖沼の魚類が死滅する．

問題60 建設工事後の環境変化による植生への影響の無いものはどれか．
① 気温の変化 ② 日照の変化 ③ 流水の流路の変化
④ 風の流れの変化 ⑤ 山間部における排気ガス

問題61 環境アセスメントで間違っているものはどれか．
① どんな開発行為でも，すべて環境アセスメントの対象となる．
② 正式の報告書のほかに地域住民のための概要を記した報告書を作る．
③ 手順として，調査，予測，評価の三段階にて行う．
④ 評価基準は環境影響評価項目によって異なる．
⑤ 開発行為による環境破壊を事前にチェックすることができる．

問題62 世界的にみた環境問題について間違っているものはどれか．
① 約200年昔の産業革命以来の工業の発達により環境が悪化した．
② 環境の悪化するのは日本のように人口密度の高い国に限られている．
③ 最近の爆発的な人口増加も環境悪化の原因となっている．
④ 地球上の酸素の供給の8割を南米アマゾン川流域原生林に頼っている．
⑤ 人口の都市集中化が環境破壊を引き起こしている．

問題63 環境影響評価書を2種類も必要とする理由で正しいものはどれか．
① 国のためのものと，自治体のためのものを必要とする．
② 国と都道府県のためのものと，市町村のためのものを必要とする．
③ 専門家や行政側のためのものと，地域住民のためのものを必要とする．
④ 賛成する側と反対する側があるために2種類を必要とする．
⑤ 地域住民で知識のある者とない者とがあるために2種類を必要とする．

問題64 次のうち，オゾン層を破壊する原因物質はどれか．
① 二酸化炭素 ② 酸素 ③ 水素 ④ フロンガス ⑤ 酸性雨

問題65 地域環境を破壊する主たる原因はどれか．
① 動物の繁殖 ② 植物の繁茂 ③ 気象異変 ④ 水の異変
⑤ 人類の身勝手

問題66 アメリカの五大湖について間違っているのはどれか．
① アメリカ国内の湖 ② 運河にて大西洋に通じる ③ 工業地帯
④ PCBにて汚染 ⑤ 小説"沈黙の春"で有名

研究課題の解答

1・1 省略．参考文献51）の6・3節2項参照．
1・2 省略．参考文献50）の5・1節6項参照．
1・3 環境省のホームページ（http://www.env.go.jp/kijun/index.html）を参照．
1・4 省略．参考文献51）の4・12節参照．

2・1 2・2節3項参照．
2・2 騒音の減衰は，①距離減衰，②大気の吸収による減衰，③地表面の吸収による減衰，④構造物などの遮へいによる減衰，⑤気象の影響による減衰がある．騒音対策としては，①距離減衰と，④構造物などの遮へいによる減衰により行われる．③地表面の吸収による減衰も効果がある．他は自然現象で，対策として用いることはできない．

3・1 地域超低周波音については3・5節参照．道路交通超低周波音については3・6節参照．鉄道超低周波音については3・7節参照．航空機超低周波音については3・8節参照．
3・2 省略．

4・1 省略．
4・2 省略．
4・3 鉄道振動は列車の通過時だけに限られる．

5・1 下水道を計画するときには，生活排水による汚濁の総量を求めなければならない．人口は夜間人口の人数を用いる．これに，1人あたりの1日に排出する生活排水による汚濁負荷量を乗じなければならない．これを生活排水の汚濁負荷量原単位（g/人・日）という．表5・1参照．
5・2 5・9節参照．
5・3 省略．
5・4 環境省のホームページ（http://www.env.go.jp/kijun/index.html）を参照．
5・5 ほとんどは廃棄物の不法投棄によることが多い．加えて，下水道および合併浄化槽の未整備であることが多い．

6・1 わが国の自動車の排出ガス規制は新車に限ることから，それ以前の古い使用

過程車については，一部の規制が野放しで，これら古い自動車がなくなってクリーンな新車への更新が完了するまでは，規制の本当の効果はでてこない．また，違法な改造が野放しであることが大きい．

6・2　窒素酸化物（NO_x）が，いちばん健康に害を与えるとされている．しかし，第10章で後述する廃棄物処理の償却段階でのダイオキシンの方が子孫にまで影響を与えるとされている．

6・3　省略．

7・1　わが国の地盤沈下の原因は地下水揚水であることから，工業用地下水，ビル等の冷暖房用地下水の採取は規制され，代替水の供給のほか，上水道の漏水の防止，クーリングタワーの設置など多角的に行われたことによる．7・4節参照．

7・2　省略．

8・1　省略．

8・2　悪臭とは人に不愉快な感じを与え，人に心理的欲求を与える場合である．その濃度が高くなって，人に生理的影響を与えるようになると，大気汚染の有毒ガスによる公害として取り扱われるようになる．

8・3　悪臭の発生源の管理者に対して，悪臭の発生を止めるように申し入れる．効果がない場合には市町村の環境対策の所管部門に届けるとよい．

9・1　下記のような浄化方法がある．参考文献50）の7・6節参照．
　1）　重金属による汚染の浄化方法として，①汚染土壌を振動ふるいと洗浄装置で粒径ごとに分けて，小さい粒径側に汚染を凝縮し，分離した水を洗浄水として利用する分級・洗浄処理システム，②水銀で汚染された土壌の場合に，水銀が気化しやすいように水蒸気により，土壌を700℃まで加熱し，水銀を気化させて分離除去して，発生した水銀蒸気を冷却して金属水銀として回収するテラスチーム・プロセス．
　2）　有機塩素系化合物による汚染の浄化方法として，①汚染物質は液体とガスの両方の形態で溜っていることが多いので，ガスを吸い上げることにより，液体は気化してガスとし，不飽和地盤に存在する汚染物質を強制的に吸引除去する土壌ガス吸引法（真空吸引法），②吸引井戸内に水中ポンプを設置し，地下水の揚水も同時に行う二重吸引法，③地盤改良機の先端から生石灰を噴射して土壌内の水と反応させ，その際に生じる熱で揮発性物質をガス化して回収するLAIM工法，④汚染地盤の下流側を掘削して透水性の浄化壁を設け，壁内には鉄粉を入れておき，鉄粉の還元作用利用して，壁を通過する汚染水を無害化する透過性地下水浄化壁工法，⑤水平ボーリングにより，既設建物の下にスリットを設けたポリエチレン管などの水平井戸を設置して，揚水やガス吸引で浄化する水平井戸掘削工法，⑥炭酸水を土壌に注入することによ

り，汚染物質の溶出速度を高める炭酸水工法がある．
- 3）　油により汚染した土壌の場合に，掘削した汚染土壌とアルカリ溶液を攪拌すると，発生した微細な気泡によって油分が浮上し，分離するので，これを回収する．気泡連行法による浄化技術と呼ばれる．
- 4）　水は圧力をかけると100℃以上でも水という液体の性質を保ち続ける．220気圧で374℃以上の高温・高圧の圧熱水の場合に，液体でもなく気体でもない不思議な存在となる．これを超臨界水といい，どんなものでも溶かしてしまう．ほとんどすべての有機物は即座に分解されることから，汚染物質は無害処理できる．

9・2 汚染地下水を揚水し，① 汚染物質を除去・回収するために活性炭を通して吸着させることにより浄化する活性炭吸着法のほか，② 曝気処理などが用いられる．③ トリクロロエチレンの場合に微生物がトリクロロエチレンを分解して無害化することから，微生物の栄養としてメタンを注入するなどバイオ処理する．地下水の汚染源は土壌汚染であって，汚染源から次から次へと汚染物質が地下水に浸透して，急速に地下水は浄化されるものではなく，相当の長年月を要するものである．参考文献50）の7・6節参照．

10・1 普通のゴミは紙類などの燃えるゴミであり，普通中間焼却処理場で焼却して体積を縮小して最終埋立処分場へ運ぶ．危険物ゴミとは金属・陶磁器の破片などの燃えないゴミで，焼却しないで直接に最終埋立処分場へ運ぶ．資源ゴミは古新聞や空缶などリサイクル可能なゴミで，分別してリサイクル業者へ運ぶ．このほか生ゴミを普通の燃えるゴミと分別して，有機肥料化を図る場合がある．

10・2 鼻をつく強烈な悪臭はダイオキシンであることが多い．健康上有害とされていることから，家庭の庭などでは絶対に燃やさないこと．

11・1 11・2節2項参照．
11・2 11・2節4項および5項参照．
11・3 11・3節2項参照．
11・4 森林に降った雨水は，まず森林の樹木の小枝や幹を濡らして葉に溜る．やがて地上に落ちるが，地表には下草として雑草が生えていて，これらの雑草を濡らす．降雨量が20 mmぐらいまでは，これで終わる．晴天となると，これらの濡らした水は太陽エネルギーにより蒸発する．これを蒸散という．また，地中に届かず，空中に戻ることから，損失雨量とも称される．加えて，土壌の上を覆っている落葉はカーペットのような役を果たして，損失雨量を増加させる．そして，木の根が生きていると，土中に小さな隙間を多く作っていて，これが浸透した雨水を溜めることから，森林は治水作用が大きいとされる．11・3節4項参照．

11・5 都市公園とは，都市または都市近郊で建設される人工的公園である．自然公

園とは，美しい自然を保全し，国民の保養その他に資するためのものである．

12・1　12・3節，12・4節，12・5節，12・6節，12・7節参照．

12・2　先進諸国による援助で，森林を切り開いて農地を造成する必要のない経済構造とする政策をとる．

12・3　日本のゴルフ場は地形上から森林を伐採して造成されることがほとんどであることから，森林の機能である，① 大気浄化作用，② 水質浄化作用，③ 治山治水作用，④ 水源涵養作用（地下水の保存），⑤ 気象緩和作用，⑥ 煤塵と粉塵の防止作用などが阻害され，⑦ 生態系が破壊される．

12・4　12・3節参照．

12・5　わが国の酸性降下物（酸性雨）の発生源はほとんどが中国で，汚染物質が偏西風に乗って運ばれるもらい公害である．これが降り続いて土壌に染み込んだ場合に，若木が育たず枯木の山となる．湖沼が酸性化した場合に，湖沼のすべての生物が死滅し，取り返しが付かないことになる．このような実例はすでにヨーロッパにあり，スウェーデンでは国内の約10万の湖沼のうち，約2万の湖沼では魚が死滅している．

13・1　自然は微妙なバランスの上に成り立っているものであり，地球は全体のバランスをとった生きた環境を形成しているが，その要素は，
1) 地表温度は生命の生存に適した15〜37℃に保たれている．
2) 海水中の塩分濃度は生物の生存に適した3.4%に保たれている．
3) 大気中の酸素濃度は21%に安定的に保たれている．
4) 大気中に小量のアンモニアが存在し，硫黄や窒素の化合物と酸素の自然結合でできる硫酸や硝酸を中和している．
5) 大気圏外にオゾン層が形成されて有害な紫外線を防いでいる．
6) 地球の地磁気により電子や陽子の放射線の影響を受けずにいる．
7) 野生生物種も生存していて，その微妙なバランスのもとの生態系が維持されている．

13・2　地球温暖化のほとんどの原因は化石燃料を用いることにあることから，エネルギー源を模索するほか，その対策として下記のものが考えられる．
1) 自然の力を利用したクリーンなエネルギーを用いるようにする．そのクリーン・エネルギーの代表格として水力発電がある．
2) 原子力や天然ガスやクリーン・ガスなどの新エネルギーを用いる．
3) 風力発電を用いる．なお，風力発電は得られるエネルギーの規模が小さいという欠点がある．
4) 太陽光電池による発電を用いる．太陽光電池パネルを利用したソーラシステムはビルや駅や住宅でも利用されている．
5) 波力発電を推進する．

6) 分散型電源とするほか，エネルギー消費効率をよくする．
7) 燃料電池車（水素エネルギーの利用），電気自動車の普及を図る．
8) 石炭を使う工業用ボイラーなどの脱硫対策を行う．
9) メタンなどの温室効果ガスの発生を抑える．
10) 生物反応や化学反応を利用した二酸化炭素の吸収・固定化を図り，有効利用を図る．
11) 産業構造を変える．

13・3　産業革命前からの人為的温室効果ガス排出による大気中濃度増加が現在の温室効果に寄与した割合は，二酸化炭素（CO_2）64 %，フロン（CFC および HCFC）10 %，メタン（CH_4）19 %，亜酸化窒素（N_2O）6 %，その他 1 % で，化石燃料だけで 80 % となっている．

13・4　南極大陸を覆っている氷の厚さは，大部分は 2000 m を超え，平均で約 1600 m もある．このほかに，グリーンランド，カナダ，アラスカ，シベリアなどの氷もある．もし全世界で氷が融けるとすれば，地球全体で海面は 70 m 上昇し，日本列島の平地部は水没する．沿海の工業地帯は全滅し，農業も山地部だけとなる．日本列島全体で食料難から 100 万人以上は生きられない．

13・5　オゾン層を破壊する物質であるフロンガスやハロンガスは，人工化合物で，融点と沸点が著しく低く，不燃性であり，不爆発性であり，無色無臭で人体に無害であり，化学的に安定で，分解されず，毒性もなく，反応性もなく，人間が作った究極の化学物質とされる．大気中へ噴射されると，海水にも溶けずに大気中に残留し蓄積する．反応性がないために，対流圏の中を抜けて成層圏のオゾン層を超え，はじめて紫外線に曝される．紫外線と光化学反応を起こし，オゾン O_3 を破壊する．

13・6　地球は火星のような生物の生きられない死の星となる．

14・1　14・1 節参照．

14・2　専門家のための専門的な詳細な環境影響評価書が必要であるが，地域住民には難しいことはわからないことから，専門的な環境影響評価書とは別に，地域住民のためのわかりやすい評価報告書を作成する．

14・3　環境アセスメントは，開発行為が具体化される以前の諸段階における開発条件に基づいて，環境影響を予測評価するものである．しかし，設定された条件が変化する可能性もあり，また，開発行為が行われた後に予測された状況と異なる事態の発生することもある．加えて，計画時における予測値と開発後の実測値とを比較することにより，事例を数多く記録として残し，今後の予測評価の資料とするものである．類似したプロジェクトの事前の環境アセスメントに反映されることになる．

14・4　省略．なお，環境省のホームページ（http://www.env.go.jp/kijun/index.html）を参照．

参 考 文 献

1） 交通工学研究会；交通工学ハンドブック，技報堂，1984．
2） 中野有朋；超低周波音工学，技術書院，1982．
3） 中野有朋；公害振動工学，技術書院，1981．
4） (社)日本環境協会；交通公害を考える．
5） (社)日本道路協会；道路環境整備の手引．
6） (社)日本環境協会；悪臭公害を考える．
7） (社)化学工学協会；悪臭炭化水素排出防止技術，技術書院，1977．
8） (社)日本環境協会；土壌汚染を考える．
9） E・グランジャン著，洪悦郎ほか訳；住居と人間，人間と技術社．
10） NHK 資料．
11） 只木良也；森の生態，共立出版．
12） 野田伸也；スバルライン沿道の植生破壊の原因と対策，造園雑誌36(2)．
13） (社)日本環境協会；地盤沈下を考える．
14） (社)日本環境協会；自然保護を考える．
15） (社)日本環境協会；自然公園を考える．
16） (社)日本環境協会；国土の緑化を考える．
17） (社)日本環境協会；環境白書．
18） (社)日本環境協会；ワシントン条約を考える．
19） (社)日本環境協会；近隣騒音を考える．
20） (社)日本環境協会；騒音・振動を考える．
21） (社)日本環境協会；海洋環境を考える．
22） 二村忠元ほか；音・光・熱・空気・色，彰国社．
23） 尾島俊雄ほか；都市環境，彰国社，1982．
24） 木村健一ほか；自然環境，彰国社，1983．
25） 北山正文ほか；環境アセスメントの実施方法，日刊工業新聞社．
26） (社)日本化学協会；環境の基準，丸善．
27） 環境情報科学センター；環境影響評価資料集．
28） 埼玉県；戸田都市計画道路都市高速道路戸田線環境影響評価参考図書．
29） 関西国際空港KK；関西国際空港建設事業に係る環境影響評価準備書．
30） 環境庁；環境影響評価のためのテクノロジーアセスメント調査研究報告書．
31） 福田基一ほか；環境工学概論，培風館，1980．
32） ニクソン大統領環境報告；公害教書，日本総合出版機構．

33) 環境情報科学者市民委員会；環境の危機，鹿島出版会．
34) 大喜多敏一；大気汚染，総合科学出版．
35) 朝倉正；異常気象時代，講談社．
36) (社)日本気象協会；新教養の気象学，朝倉書店，1998．
37) レスター・R・ブラウン著，本田幸雄訳；地球白書，福武書店．
38) M・アイゼンバット著，山県登訳；ヒューマンエコロジー，産業図書．
39) 島津康男ほか；環境論，学習研究社．
40) A・S・モニンほか著，内嶋善兵衛訳；気候の歴史，共立出版．
41) 坂本藤良；国連人間環境会議公式文書集，日本総合出版機構．
42) 渡辺威男ほか；人類が作り出すフロンガスと二酸化炭素が大都市を水没させる，学習研究社．
43) 朝日新聞；平成2年10月23日付号ほか．
44) アメリカ政府，逸見謙三ほか訳；西暦2000年の地球(2)環境編，家の光協会，1981．
45) 高沢信司；地球温暖化にともなう海面上昇による社会・経済的影響，全測連1991夏季号．
46) 安田直人；オゾン層保護対策について，全測連1991夏季号．
47) JAF MATE 第29巻第9号，P.24．
48) 石井一郎；国土計画，鹿島出版会，1988．
49) 石井一郎・元田良孝；景観工学，鹿島出版会，1990．
50) 石井一郎ほか；環境汚染，セメントジャーナル社，1999．
51) 石井一郎ほか；環境マネジメント，森北出版，1999．
52) 石井一郎ほか；建設副産物，森北出版，1998．
53) 田中勝；廃棄物学入門，中央法規，1993．
54) 太田壮一；ダイオキシンの基礎知識，(社)日本損害保険協会，予防時報No.194．
55) 環境庁水資源局；重金属等に係る土壌汚染調査・対策指針及び有機塩素系化合物に係る土壌・地下水汚染調査・対策暫定指針，1994．
56) 環境省のホームページ(http://www.env.go.jp/kijun/index.html)．
57) 亀野辰三・八田準一；街路樹・みんなでつくるまちの顔，公職研，1997．
58) (社)兵庫県測量設計業協会；兵測協NO.34〜38．

索　引

あ 行

アオコ……………………………70
悪　臭……………………………92
アセトアルデヒド………………97
アルキル水銀……………………56
安定型処分場…………………111
安定型廃棄物…………………108
アンモニア………………………96
硫黄酸化物………………………80
閾　値……………………………9
一酸化炭素………………………73
一酸化炭素………………………76
一酸化炭素………………………82
一般廃棄物……………………107
営業排水…………………………64
SS……………………………54, 57
塩　素………………………81, 114
オクターブバンドレベル………10
オゾン……………………………74
オゾン層………………………170
オゾンホール…………………171
汚濁負荷量…………………54, 63
音の大きさのレベル……………12
音の強さのレベル………………9
音圧レベル………………………8
温室効果………………………161
温　泉…………………………136

か 行

開放系…………………………126
化学的酸素要求量………54, 57
家畜排水…………………………64
合併処理浄化槽…………………68
カドミウム…………55, 81, 102
環境アセスメント………176, 178
環境影響評価……………176, 178
環境汚染物質排出移動登録……5
環境基本法…………………4, 75
環境保全………………………184
環境ホルモン……………………58
管理型処分場…………………109
管理型廃棄物…………………108
希釈工法………………………105
気象緩和作用…………………133
客土工法………………………105
客土混層工法…………………105
京都盆地…………………………89
極　相…………………………130
距離的植生遷移………………130
切　土…………………………143
クロム（六価）………………104
群落調査………………………137
下水処理場………………………67
下水道………………………62, 64
減　衰………………13, 34, 46
公害振動…………………………40
公害対策基本法…………………3
光化学オキシダント………74, 78
公共下水道………………………66
航空機騒音………………………27
航空機超低周波音………………39
合成女性ホルモン………………59
国定公園………………135, 135

さ 行

砂　漠…………………………156

産業廃棄物	107	水質汚濁防止法	62, 65
産業排水	62	水質浄化作用	132
酸性雨	148	水素イオン	57
酸性降下物	148	水素イオン濃度	54
サンドイッチ方式	111	スチレン	97
シアン	55	捨　土	145
COD	54, 57	生活排水	62
時間的植生遷移	129	生活用水	62
自然環境	123	生態系	125, 126
自然環境保全地域	134	生物化学的酸素要求量	54, 57
自然環境保全法	3	セル方式	111
自然公園	135	遷移系列	136
自然循環方式水処理システム	68	騒　音	7
シックハウス症候群	79	騒音規制法	17, 22
地盤沈下	84	騒音計	15
四万十川方式	68	騒音防止作用	133
遮断型処分場	109	騒音レベル	12
嗅　覚	92	総水銀	56
周波数分析	10	総量規制	68, 81
周波数分析器	15, 34, 47		
浄化能力	147	**た　行**	
焼却炉	119	ダイオキシン	59, 113
植生影響調査法	137	代替水	88
植生自然度	123	大気汚染	72
植　物	136	大気汚染防止法	79
植物エストロゲン	59	大気浄化作用	130
植物群落	123	大腸菌群数	54, 58
女性ホルモン	59	太陽エネルギー	159
人工地下水	89	炭化水素	74, 78, 82
振動加速度実効値	41	淡水赤潮	70
振動加速度レベル	42	単独屎尿浄化槽	68
振動規制法	49, 51	地域公害振動	49
振動スペクトル	42	地域騒音	17
振動の大きさのレベル	44	地域超低周波音	36
振動レベル	44	地下水揚水	88
振動レベル計	47	地球温暖化	166, 167
森林生態系	129	地形変化	145
水　銀	104	地形変更	142
水源涵養作用	132	治山治水作用	132
水質汚濁	53	窒素酸化物	74, 77, 80, 82

中間処理場 …………………116, 119
超低周波音 ………………………31
DO ……………………………54, 57
低周波音レベル計 ………………34
低周波空気振動 …………………31
ディーゼル黒煙 …………………83
DDT ………………………… 59, 104
データレコーダ ………17, 35, 48
鉄道振動 …………………………52
鉄道騒音 …………………………24
鉄道超低周波音 …………………38
テトラクロロエチレン ………104
テープレコーダ …………………17
典型7公害 …………………………2
天地返し工 ……………………105
銅 ………………………………103
動　物 …………………………135
道路景観 ………………………139
道路交通振動 …………………51
道路交通騒音 …………………19
道路交通超低周波音 …………37
道路緑化 ………………………139
特定環境保全公共下水道 ……66
特定公共下水道 ………………66
特定有害産業廃棄物 …………108
都市下水路 ……………………67
土壌汚染 ………………………102
土壌生態系 ……………………101
土層改良工 ……………………105
土地の低下 ……………………90
トリクロロエチレン …………104
トリブチルスズ化合物 …………59
トリメチルアミン ………………97

な　行

投げ込み方式 …………………111
鉛 ……………………56, 75, 79, 81
鉛化合物 ………………………83
二酸化硫黄 …………………74, 78
二酸化炭素 ……………… 161, 164

二硫化メチル ……………………97
抜け上り …………………………91
熱帯雨林 ………………………141
農　薬 ……………………………59
ノニルフェノール ………………59
野焼き …………………………119
ノリマルヘキサン抽出物質 …54, 58

は　行

煤　塵 ……………………………80
煤塵と粉塵の防止作用 ………133
排　土 …………………………105
排土客土工法 …………………105
半開放系 ………………………127
反転工 …………………………105
BHC ……………………………104
BOD …………………………54, 57
微気圧変動 ………………………36
PCB …………………………56, 59
ビスフェノールＡ ………………59
ひ　素 ……………………56, 103
人里植物 ………………………136
フタル酸エステル ………………59
不等沈下 …………………………90
不同沈下 …………………………90
浮遊物質量 …………………54, 57
浮遊粒子状物質 ……………74, 77
フロンガス ……………………170
閉鎖系 …………………………128
閉鎖性水域 ……………………68
pH ……………………………54, 57
ヘルツ ……………………… 7, 40
ベルトトランセクト調査 ……137
防災機能 ………………………148
防風防火作用 …………………133
保水機能 ………………………146
ポリクロリネイテッドビフェニル ……56
ホ　ン ……………………………12

ま 行

水の華………………………………70
メチルメルカプタン………………97
盛　土………………………………144

や 行

山元対策……………………………105
有機リン……………………………56
要請限度……………………………22, 51
溶存酸素量…………………………54, 57

溶融炉………………………………119

ら 行

リサイクル…………………………121
流域下水道…………………………66
硫化水素……………………………96
硫化メチル…………………………97
林産物………………………………130
レクリエーション効果……………133
レベルレコーダ……………………16, 35, 48

著者略歴

石井　一郎（いしい・いちろう）
- 1948年　東京大学工学部土木工学科卒業
- 1958年　建設省近畿地方建設局道路計画課長
- 1960年　〃　　　〃　　淡路国道工事事務所長
- 1963年　〃　関東地方建設局長野国道工事事務所長
- 1967年　〃　　　〃　　大宮国道工事事務所長
- 1970年　日本道路公団へ出向
- 1971年　東京大学より工学博士の学位を受く
- 1972年　建設省土木研究所道路部長
- 1973年　東京工業大学大学院非常勤講師を兼務
- 1974年　東洋大学教授兼東京工業大学大学院非常勤講師
- 1994年　中野土建顧問兼阪神測建顧問
- 2002年　三城コンサルタント顧問，著述業・写真家

著　書：交通工学（森北出版），道路工学（森北出版），ドライバーよ，この道路が危ない（講談社），都市計画（共著，森北出版），景観工学（共著，鹿島出版会），地域計画（共著，森北出版），土木行政（森北出版），日本の土木遺産（森北出版），防災工学（共著，森北出版），廃棄物処理（森北出版），都市デザイン（共著，森北出版），建設副産物（共著，森北出版），最新測量学（共著，森北出版），環境マネジメント（森北出版），建設マネジメント（共著，森北出版），道路工学入門（共著，森北出版），ほか多数，約50冊

環境工学［第3版］　　　　　　　　　　　　　　© 石井一郎　2003

- 1987年 1月23日　第1版第1刷発行　　【本書の無断転載を禁ず】
- 1991年 4月 1日　第1版第4刷発行
- 1992年 7月29日　第2版第1刷発行
- 2002年 3月20日　第2版第10刷発行
- 2003年 3月18日　第3版第1刷発行
- 2020年 9月18日　第3版第9刷発行

著　　者　石井一郎
発 行 者　森北博巳
発 行 所　森北出版株式会社

東京都千代田区富士見 1-4-11（〒102-0071）
電話 03-3265-8341／FAX 03-3264-8709
https://www.morikita.co.jp/
日本書籍出版協会・自然科学書協会　会員
JCOPY ＜（一社）出版者著作権管理機構 委託出版物＞

落丁・乱丁本はお取替えいたします　　印刷／モリモト印刷・製本／協栄製本

Printed in Japan／ISBN978-4-627-94293-6

MEMO

MEMO